職権乱用

松任谷正隆

二玄社

前口上

この本をスタートさせたのは２００５年の暮である。全編書き下ろしで２００６年の中ごろにはリリースするぞ、と意気込んだものの、半年後には筆が止まった。文筆家でない人間の宿命である。そこから先はガス欠の車をだましだまし押したり引いたりしながらここまで来たって感じだろうか。たいした距離でもないのに時間ばかりかかってしまった。おかげで最初の頃の原稿の古いこと古いこと。再び車を借りなおして原稿を書き直す。そしてまた時間がかかる……という悪循環を繰り返し、しかし、ついにここでタイムアップとなった。はて、これは何の本なんだ、といわれれば、多分、車の本と答えるだろう。いや、車の本である。ひどく偏ってはいるが、そうであるとしか言えない。車は人を映す鏡……であるかどうかはわからないが、僕はいたるところに歪みながら映り込んでいる。自分で書いているんだから当たり前だ。そんな独断と偏見の一冊である。気分を悪くしたらごめんなさい、と最初に謝っておく。

目次

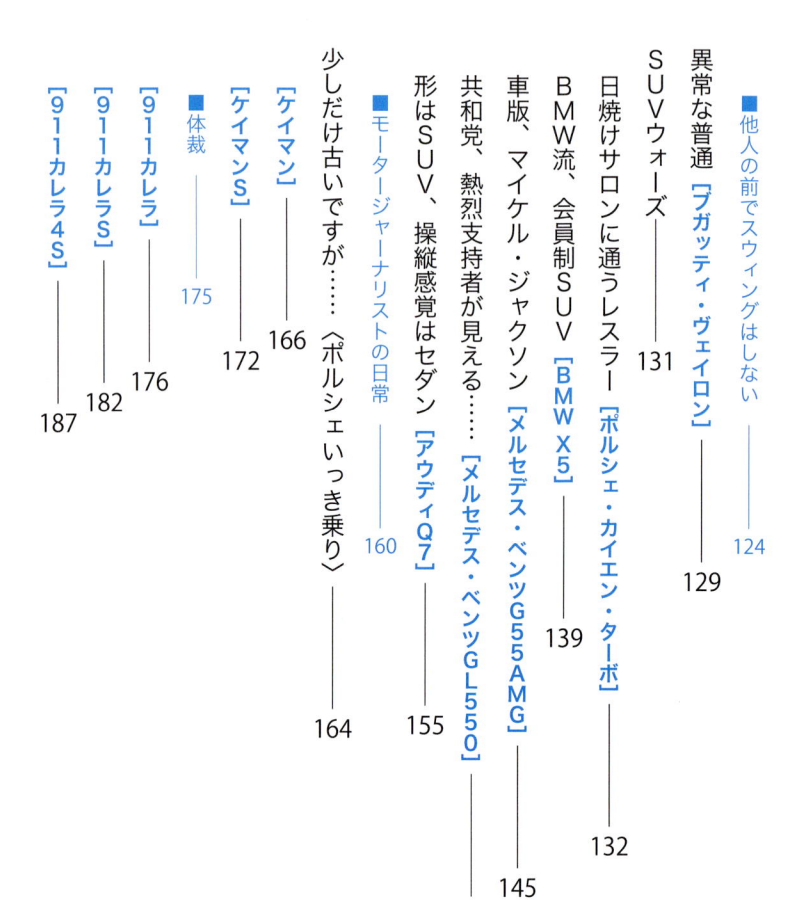

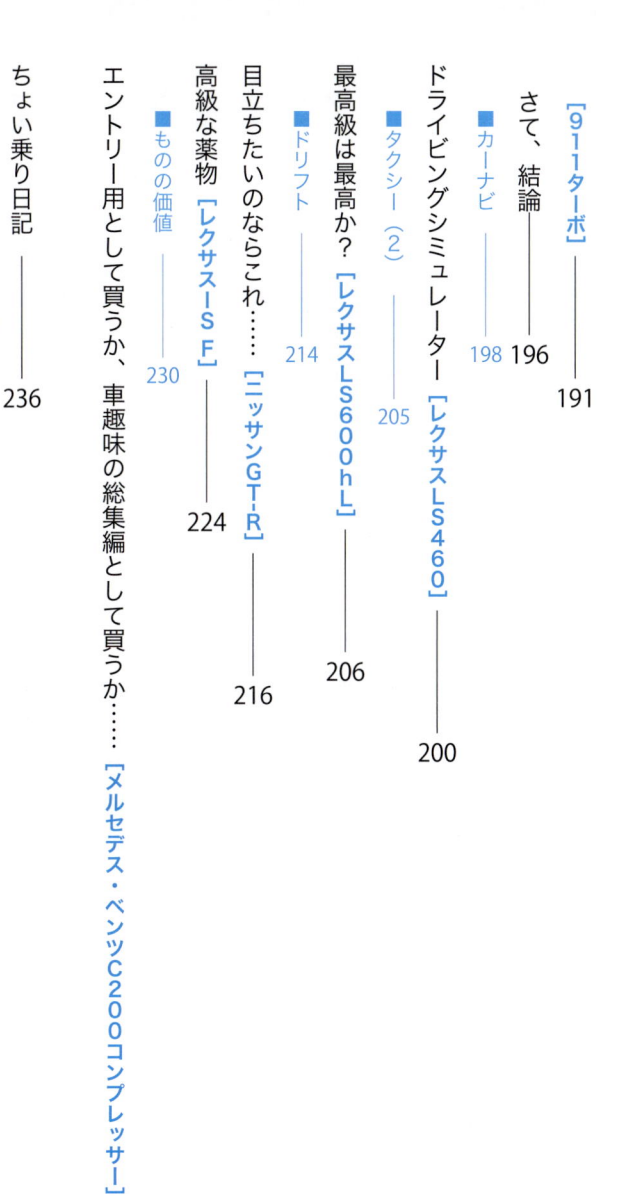

職権乱用

今思い出してみると、１９８０年代の自動車輸入業者、特に並行の業者たちは強気だった。お客をお客とも思わない。当時の広告とかを見るとびっくりするくらい「何様だ」といいたくなるようなものばかり。まあ、ベンツが、ベントレーが、フェラーリが、ある意味飛ぶように売れていた時代だから強気になっても当然だったのかもしれない。

何パーセントくらいのお店がそうだったのか、今となってはわからないが、僕が覗いた店はたいていがえらく横柄な態度で、人を頭のてっぺんから足の先までじろじろと見回して値踏みしたあと、「それでいったい何の用？」みたいな口の利き方をしたものだ。普通だったら、そんな店からはとっとと立ち去るところだが、当時はまだ若く、自動車好きの弱みということもあって、そこでしか手に入れられない車がある場合は何とか売ってもらいたいというわけである。まあ、ことごとくプライドをずたずたにされた記憶がある。「おまえよう」なんて言われてどうして平気だったんだろう。全くもってわからん。

ベンツの５００ＳＥＬ、という当時の一応トップモデルを確か１０００万円で手に入れて……ばかばかしいほどの芸能人趣味だが……10年間乗った。10年のあいだ、ステアリングを握りながらいろいろなことを考えた。欲しかった車も手に入れてしまえばただの車。カローラとの違いは見てくれだけである……なんていうとものすごく誤解されそうだが、もちろん車が与えてくれる世界はカローラとはだいぶ違う。しかし、慣れとは恐ろしいもので、それが普通にそこにあると、普通にしか思えなくなるのである。だからカローラと同じ。ぶつければ普通にへこむ。ベンツだけにちょっと惨めだ。でももっと惨めだったのは、それを直しに購入した並行業者に持ち込むと、せせら笑うような態度で「やっちまったね……」などと言われることだ。「仕方ないから直してやろうか。だけど2週間な」などと言われ、「はい」と答える僕。カローラのへこみを直すのに、こんな態度をとられていいのか？ いいわけないけど、人間関係は最初が大事。最初の関係があとまでずっと続くのである。ほかの修理屋も探しはしたものの、当時はどこも大差はない対応で、やむなく「おまえよう」と言われながらもお願いをする僕。いや、今だから冗談みたいに聞こえるけれど、当時は本当にこんなもんだったのです。こんな業界がその後、衰退していくのはだから当然過ぎるほど当然だった。

　さあ、しかし、小市民な僕は考えた。こいつらと対等、いや、それ以上に渡り合うためには車を仕事にする以外にないな、と。そこからいったいどういう行動を取ったのか、覚えてないけどそもつきました。そうこうしているうちに願いが通じたのか、車の仕事の入口にたどり着いた。まずはテレビ番組の司会だった。これがテレビというだけで充分に効果はあったと思う。というよりテレビはマジックだな。ただの司会者が映しようで車のオーソリティにも見えてしまう。みるみるうちに僕は車の専門家のように見られるようになっていった。しめた……ともちろん思いました。これであいつらにへいこらしなくて済むではないか。ざまあみろ、である。

と、こんな動機から車の仕事をするようになった。まことに不純極まる動機である。でもよく考えれば、子供が総理大臣になりたいという理由だって、一番は誰にもへいこらしなくて済む、ということじゃないだろうか。それに大臣たちが職権を利用していろいろな甘い汁を吸っていることくらい、子供だって知っている。子供たちが知らないのは、総理大臣を実際に裏から動かしている人たちがいるということくらいだ。２００７年はずいぶんその甘い汁から苦湯を飲まされた人たちがいたけれど、果たして彼らがどのくらいの職権乱用をしていたのか、実に興味がある。職権乱用をどの程度行使するとあのような事態に追い込まれるのか……。地味にやっていれば今頃何事もなかったのか。ばかだねえ、という囁きがいたるところから聞こえるような気がする。

今僕はモータージャーナリストの肩書きも持っているから、どこのメーカーもインポーターも、たいていが信用して車を貸してくれる。自分で車を持たなくても、一生車には不自由しないかもしれない。たとえぶつけたとしても、何のお咎めもないばかりか、優しい言葉さえかけてもらえる。

いつも最新の車に乗れるなんと幸せな人生であることか。但し、調子に乗って言いたいことばかり言っていると、それこそどこかの元官僚のようなことになるかもしれない。この本のタイトルを思いついたときは思わず「やった！」と思ったが、書き始めてみるとこれが自分の命取りになる恐怖も覚えた。この業界には何のしがらみもないからと、浮かれて書いているとそのうちしっぺ返しが来るだろう。人間社会は複雑に絡み合っているのだ。

そんなわけでこの本は車の本だ。乗っては書き、言いたいことを言い、やりたい放題である。残念なのはこれを見せてやろうにも、当時の並行業者たちはもう消えていなくなってしまっていることだ。

12

4X4
CHEROKEE

アウディと冠婚葬祭

2006.3

アウディＡ６でかみさんの親父の葬式に行った。借り物とはいえ、なんとなくこれで行きたくなったのだった。どうしてだろう。きっとスタイリッシュなのに、どこか奥ゆかしさがあるからだろうな。押し付けがましくなく、偉そうじゃない。二人で落ち込んだとしても空間は狭すぎず、かといって広すぎもしない。ドライビングに専念しなくちゃいけないふうでもなければ、漠然と走るわけでもない。どことなく凛としそうだったから……。ボディカラーが白で内装が黒というシンプルなところもよかった。

小雨が降りしきるなか、当たり前のことだけれど、車の中は平和そのものだ。朝早くから起きて、ヘアメイクやら着付けをしていたかみさんは走り出してものの５分ほどでこっくりこっくりと舟をこいでいる。どうやら、帯とかヘアスタイルの関係上、シートバックにしっかりと寄りかかれないらしい。丸めた背中がちょっぴりかわいそうだ。

雨滴感知式のワイパーがフロントスクリーンを走っていると、なんだかとてもおしゃれな感じがした。きっとドライバーにはそれだけ余裕があったからだと思う。アウディに乗っている自分を俯瞰で見ることの出来る自分がいる。アウディＡ６とはそういう車だ。そしてそういうところがすごく好きだ。今借りているのは25ｔｈ記念モデル。簡単に言ってしまえばSラインサスペンションの付いた特別モデルだ。だから足元ははっきりと硬い。こつこつ、と、路面のアンジュレーションを拾いながら走る。でもボディはきっちりと剛性感が出ているので不快じゃない。いや不快どころか気持ちいい。眠いはずの自分が覚醒していられるのもひとえにこのサスペンションのおかげだ。そして助手席では彼女が舟をこげる程度にリラックスも出来る。

僕はこの車のインテリアも好きだ。クリーンで、無駄がなく、かつモダンだ。特にメーターに視線を落としたときに見える世界観がいい。ロゴやら針の色やら、すべてが清潔に感じるからだろうか。メルセデスよりもＢＭＷよりも、フォルクスワーゲンよりもオペルよりも、今のドイツらしい。

Ａ６のステアリングは僕のもっとも好きな部分だ。伝わってくるものが、ちゃんと整理されていて、必要なものだけが伝わり、余計なインフォメーション、つまりキックバックやら、変なたわみ感などは伝わってこない。澄んだ手触りである。軽すぎるという意見もあるみたいだけれど、僕にはちょうどいい。第一スピードが上がれば程よい手ごたえを伝えてくる。そうそ

う、ステアリングホイールの径の大きさも太さも絶妙だ。時折、この太いタイアを履くスポーツサス付きのＡ６は、ほんの少しちょろちょろと進路を乱すのだけれど、これはご愛嬌だ。この手のタイアを履いてそうならない車なんてないのだから。

今まで何度かＡ６を借りていて、そのたびに印象は違っていた。サスペンションや、エンジンが同じスペックなはずなのに同じに感じたことは一度もなかった。これが個体差なのか、それとも僕のコンディションによるものか、はっきりとはわからない。でもいえることは、今借りている個体のエンジンのフィーリングが一番いい、ということだ。軽やかで、しかも回りたがり、だ。

力もある。街中で使う限り、するするっとパワーは立ち上がり、２０００回転過ぎからぐぐっとボディを引っ張りあげる。軽すぎず、重すぎず、シュィーンッと精度の高そうな音を発しながら。味は濃くないが薄味でもない。すっきりして爽やかだ。

ＡＴのギアリングも実に的確で、思うとおりに加速し、思うとおりにキックダウンをし、つまり、意志どおりに働いてくれる。言い方を変えるならば、車のほうが踏み方をちゃんと教えてくれているようなＡＴである。

裏道を通ったせいか、中央道の乗り口には意外なほど早く着いた。調布インターのＥＴＣゲートから入って加速をすると、記憶どおりの加速が始まる。例えば0-100キロ加速が5秒前後くらいの車が１００メートル走ランナーだとするならば、このＡ６は４００メートル走のランナーだろうか。

のけぞるほどではないが充分に速い。シャーッと加速をしてものの数十メートルで流れに乗っている。

　そしてこの車、高速になると俄然輝きを増す。スポーツサスとはそういうものだ。エアサス仕様のＡ６はもっとぬめぬめして、それはそれで乗り心地では2枚くらい上手だけれど、しゃっきりするような覚醒感というか、安心感はこちらのほうが上手だ。大きな手で上から押さえつけられるようなダウンフォースを感じる。大きさからしてスポーツカーとは呼びたくないけれど、そう呼んでいいくらいの身軽さを感じさせる。

　あっという間に八王子インターになり、第一出口で出て、一路八王子市民会館に向かう。変なところでお葬式をやるもんだ。そういえば、八王子市民会館では結婚前にコンサートをやったことがあって、その時以来だと記憶している……あの時は確か僕の車はブルーのアウディ１００ＧＬだった。なぜだかブルーのアウディで楽屋口を後にする僕たち二人の写真が残っているのだ。

　市民会館前は結構関係者の車でごった返していたにもかかわらず、案内係のバイトはすぐに僕たちの車を認識してくれた。車が目立ったということなんだろうか。こういう場合には、それもありがたいかもしれない。とりあえず用意されていた場所に車を停め、会場に入る。

　こういう会場には慣れているはずの僕たちなのに、このときばかりは不思議な気分になった。お坊さんたちがそろって男子トイレに並んでいる場面なんて、そうそう見る機会はないだろう。それに黒い人たちばかりだ。当たり前か……。さらに言えば、楽屋は親戚筋ばかり。これがコンサートだったらいやだろうなあ、と思う。どこからともなく漂ってくるお線香の匂いもやっぱり普通じゃない感じを醸し出していた。

　義理の母を中心に、親戚が集まった楽屋。ここはさながら映画「お葬式」のまんまの雰囲気だ。雰囲気がまずくなるといけないと思うのか、誰もが話題や言葉遣いに気をつけているのがわかる。でも話題は日々日常のこと。普通の話なのにどこか普通じゃない。言葉だけが上滑りをしている。普段だったら誰も手をつけないような乾ききったハムとチーズのサンドイッチを口にしていると、葬儀屋が来て、いよいよ始まるから、と言われ、一同全員トイレに立つ。やっぱり異様だ。

　会場では壇上にお坊さんと葬儀委員たち、それに僕たち親族が座る。ふと見回すと会場の1階部分がほぼ満席だということに気づいた。相当の数だ。雨の八王子である。こちらの関係者も来ているとするなら、これはどうしようもない借りを作ったな、とふと思う。いや、今はそんなことを考えるのはよそう。照明で暖かいせいか、何度も襲ってくるあくびを押し殺し、壇上に飾ってある花をただぼーっと見る。いや、正確には花の前に立てかけてある名札を読むでもなく読まないでもなく見ていた。きっと僕の周りの、そう、かみさんも同じことをしていたに違いない。感情という感覚がどこかに失われたかのような……。お葬式とはそういうものである。そこから先は、実はあまりよく覚えていない。壇上で焼香をしたような気もする。そしてその後、ステージから降りて、ずっと立ちっぱなしで挨拶をしていた記憶がある。何度も何度もお辞儀をしながら。腰が痛かったな。

疲れたのかなんだかわからない気分で楽屋口を出ると、車のそばにテレビカメラのクルーがいた。あ、ワイドショーだ、と思った。当初予想はしていたのだけれど、あまりにお葬式のインパクトが強くて直前にすっかり忘れてしまっていた。でも、よくその場所がわかったなあ、と考えていくと、それは車のせいであることがわかった。楽屋口の一番いいところにある白いアウディA6。さりげないつもりでいても、かなりインパクトの強い車かもしれない。それにしても、それがアウディA6でよかったなあ、と思った。なんだか少しだけ物知りに見えるではないか。

AUDI A6

プロフィール

地元ドイツでは時としてメルセデスのEクラスやBMWの5シリーズを上回るほど販売好調なアウディのアッパーミドルクラス高級車。現行モデルは2004年に登場した。セダンのほかに伝統的なアバントワゴンも多数ラインナップされている。日本のマーケットでは特に、ライバルへの技術的優位を強調すべく得意のクワトロシステムを積極的に組み合わせ、2008年時点ではベーシックな2.4を除く2.8から4.2までの全車が4WD仕様となっている。ガソリンユニットの直噴化も同様で、2.4以外の全車がFSI仕様。

コンディション

スペック：'06MY A6 3.2 FSI クワトロ S line 25th アニバーサリー／6AT
全長4915×全幅1855×全高1435mm　ホイールベース2845mm　トレッド前1590／後1600mm　車重1790kg　乗車定員5名　フロント縦置き4輪駆動　V型6気筒3122cc　255PS／6500rpm　330Nm／3250rpm　オートマチック6段　前4リンク、コイル／後ダブルウィッシュボーン、コイル　前ベンチレーテッドディスク／後ソリッドディスク　ラック・アンド・ピニオン／パワーアシスト　245/40R18タイア

価格／装着オプション（試乗時・消費税込み）

720万円／—

20

ギタリスト

これは内緒の話だが、僕の知り合いのギタリストで恐ろしい運転をするやつがいる。どれくらい恐ろしいか……。それはステアリングを握ると人格が変わり、異常者に変身する、という表現でわかってもらえるだろうか。一度、連ドラをしたことがあるのだけれど、僕と彼のあいだに車が入ると、狂ったようにその車を煽って、僕は本当におったまげた。その煽り方が本当に狂ったとしかいいようのないものだったからだ。ちなみに、それはまだいいほうらしい。知り合いのボーカリストが助手席に乗ったとき、彼は死ぬと思ったという。車に乗ってこんな気持ちになったのは初めてだったらしい。首都高速をジグザグにとんでもないスピードで走ったそうだ。周りじゅうの車を敵に回しながら……。ふと見ると、目は血走り、呼吸も荒く、ステアリングを握る手は終始わなわなと震えていたという。やばいです。

　ステアリングを握らない彼は不自然なくらいにこやかで、不自然なくらい声も小さく、不自然なくらい優しい……。本当はこれで気が付かなくちゃいけないんだと思う。たまる鬱憤はどこで晴らすんだろう……と。

苗場プリンスホテルの車寄せで一番かっこいい車は……

2006.2

ブリクラというのがある。プリクラではない、ブリクラ、である。誰がいつ命名したのか、ちょっと不明だけれど、とにかくもう創立5年以上にはなる。ブリザードクラブなのか、ブリザディウムクラブなのか、どちらかな訳だ。ここで「ははーん」と思われる方はかみさんのファンであると思われる。つまり、彼女のファンの自動車関係者が集まって、1年に1度の苗場のコンサートにわいわい出かける会、なのである。そしてコンサートを見た夜は朝の4時近くまで盛り上がる。

会長は一応モータージャーナリストの青山さんらしい。副会長は多分、アウディの小島さんだろう。さらにはホンダの田中さん、山本さん、夫人でジャーナリストの飯田裕子さん、今は多忙でなかなか来られないジャーナリストの菰田さん、昔はマツダの田上さんもいた。そういえば、この会がコンサートの全体打ち上げと重なったとき、打ち上げの席にこのメンバーのテーブルがしっかりあったんだからおかしい。そしてそのテーブルが一番盛り上がっていたのだから。もっともこれだけのためにわざわざスケジュールを空けて、海外から駆けつけてくれるメンバーもいるくらいだから盛り上がるのは当然だろう。この会を通して僕はこのメンバーとずいぶん仲良くなった。純粋な音楽ファンはやっぱりいいなあ、と思う。むこうにしてみれば、純粋な車ファンはいいなあ、と思っているかもしれない。複雑な気持ちだ。
さて、ここ数年、小島さんは苗場前にはなにかしらの車にスタッドレスをつけて待っていてくれる。今年はアウディA8 3・2に乗りませんか、という。去年は同じA8でも4・2。確か顔が違っていたな。

2月のはじめ、小島さんは広報車両を持ってうちにやってきた。どれどれ、これですか……といいながら荷物をトランクに積み込んで、よっこらしょとばかりに運転席に座る。さて、と、忘れ物はないな。そうそう、この日はコンサートも終盤のある日。僕は用事で東京に戻っていてブリクラだけのために再び苗場に向かうのである。小島さん、苗場に向かうのになんだかジャケットなんか着ていて変だ。絶対スキーなんてしないぞ、という意志なのか。

スタートボタンを押してエンジンをかける。パーキングブレーキのボタンを押して、と。抜かりはなかったはずなのだが、踏み込んでも車が動かない。Pレンジのまま発進しようとしていたのだ。お目付け役がいると、それがたとえ小島さんのような親しい人であっても、なんだか失敗をしてしまうものである。ちょっと恥ずかしい。

まあともあれ、出発進行。家を出て環8を左。一路関越道へと向かう。想像通り、乗り心地は高級車のそれである。アクセル操作では一瞬「ふっ」とボディを浮き上がらせ、「すっ」と戻っていく。慣れないうちは眩暈を覚える。それにこれ、僕のよく知っているV6のはずなのに、なぜか音がV8

みたいだ。知らずに乗ったら絶対にＶ８と言い切ってしまうだろうな。というくらい音は低く、力強く、そしてボディを身軽に感じさせる。

Ａ８のインテリアはＡ６よりもずっとレイドバックさせてくれる。包み込まれているような感じがする。そういう意味ではジャガーにも共通する何かがある。セクシーとも言える。特にこの明るいベージュの内装だとよけいにそうだ。しかし、それは同時に車幅を感じさせる、という意味でもある。渋滞の環８でも少々もてあまし気味だ。

渋滞があまりにひどいので、僕は裏道へと入っていく。ところがこの道、いつからこんなものが出来たのか、ポールによって道幅がぐっと狭められている。きっとこの車でぎりぎりだろう。トラックを通さないためだろうけれど、これには参った。ポールごとに微速徐行を繰り返し、なんだか教習所にいるようだ。ここでごりごりとやったら副会長はどんな顔をするだろう、なんて思うから余計気を遣う。で、ようやくそのエリアを抜けるとその先はまたしても渋滞。ストップアンドゴーの繰り返し。気が遠くなる。でもこのアクセルとブレーキはそういうシチュエーションでは実に自然だった。飛び出さないし、かっくんとは停まらない。上品だ。さらにボタン式のパーキングブレーキはこういうときにありがたいなあ、と思う。レバー式とたいしてかわらんだろう、と思われるかもしれないけれどそれは違う。このシチュエーションではこれが生理的にもっとも自然でベストだと断言したい。逆に

ペダル二度踏み式はこのシチュエーションでは最悪だ。絶対に使わないだろう。

　シートのベンチレーションファンをまわすとたんに背中がすうっとした。シートヒーターを一番弱くして、ベンチレーションをまわすのがこんなに心地いいものなのか、と初めて思った。これだけ効果的ならどの車にもつけて欲しいものだ。特に長時間の移動ではぜひ欲しい。そういえばシート形状はＡ６とそんなに変わらないはずなのに、こっちのほうが坐骨神経痛の僕にはあっているように感じられた。不思議だ。

　ステアリングの感触はこういう低速でも実にいい具合だ。滑らかで、柔らかく、キックバックなどはないくせにちゃんと路面の情報は伝えてくる。ペダル類の感触とよくマッチしている。そういう意味ではＡ６のそれと殆ど同じ。ステアリングのタッチとはレストランのソースみたいなものか、なんて思う。

　さて、小島さんに頼んでＣＤをかけてもらう。ついこのあいだＨＭＶで買ったエイモス・ギャレットだ。小島さんも好きそうな音楽。そう、彼実はものすごく70年代の音楽に詳しく、その時代のフェンダーローズも持っているという、筋金入りの音楽ファンなのである。それも洋楽、邦楽ともに詳しいのだから恐れ入る。もはやオタクの領域だ。ＣＤはグローブボックスを開けて入れる。ＥＴＣの挿入口はその隣だ。エイモス・ギャレットの大人なブルースが車内に静かに広がる。意外にこの車にあっているのでびっくりした。やっぱりどこかレイドバックしているんだな。

そうこうしているうちに道も空き、ようやく関越の入り口にさしかかる。アクセルを踏み込んでスロープを駆け上がるとき、欲しいだけの加速がそれ以上でも以下でもなく手に入る様がなんとも心地いい。この大きな車が同じエンジンのＡ６とほぼ同じ加速をするのである。Ａ６との違いはアルミボディゆえのアコースティック、並びに聞こえてくる音色の違いか。低速ではＶ８のように感じられたエンジン音も回せば高周波寄りに変わる。その後、僕は徐々にスピードを上げていくのだけれど、スピード感は実速１２０が70くらい、１８０が１２０くらいの感覚。とにかく速度を誤認しやすいので要注意だ。唯一これが３・２だと感じるシーンは、無理やり追い越しをするようなときだけ。躊躇してしまうことが二、三度あった。もっとも、このシチュエーションで追い越しが敢行できるのはこの上の４・２ではなく12気筒のモデルだけだろう。

　高速でのマナーはある意味理想的だ。芯がしっかり通っていて、しかし伝わってくるものは柔らかい。エアサスもふわつかず、ごつごつもしない、矢のようにまっすぐ走るくせに、舵もよく効く。どこにもフラストレーションがない。楽しくはないかもしれないけれど、退屈でもない、というちょっと表現に困るような乗り味だ。助手席だけで言ったらメルセデスのほうがいいだろうし、運転席だけで言ったらＢＭＷのほうが楽しいかもしれない。でもこれはそれらとは別の世界観であり、安心感では断然Ａ８だ。誰もが安心して高速で飛ばせる車。言い換えるならば疲れない車でもあるといえる。去年の４・２を思い出すときに、もう少しふわついた印象があったから、これはマイナーチェンジで改良された点かもしれない。

その印象は、ちらほら雪が路面に現れてくるとますますである。アクセルを踏んでいる限り、この車に敵はいない。速度を落として、ついでにシフトもマニュアルモードで低めのギアを選んでやると、積雪が亀の子にさせない限り、この車ならどこへでも行ける、という感覚にさせる。履いていたミシュランのX-iceというタイアもちょうどよかったように思う。高速で爪先立ちにならず、コーナリングで腰砕けにならず、雪道でもほどほどにグリップする。逆にあまりにも室内が平和に保たれすぎていて、下界での出来事が現実感を伴わないのは少し危険かもしれない、と思ったほどだ。現実感を伴った快適ってあるんだろうか？人間、むずかしいものである。

飛ばしたせいで、渋滞があったにもかかわらず予定よりも早く着いた。腰も思いのほか痛くないので一安心である。これなら明日スキーが出来るかもしれない。ホテル前の駐車スペースにＡ８を停めると、その迫力ゆえか、なんだかとてもリッチになったような気がした。紺色のボディが半分くらい真っ白に汚れているところが、なんともかっこいい。スキー場にＡ８はものすごく似合うな、と思った。

迎えに来たスタッフが「ほほう……」と感心する。自分の車じゃないのに鼻が高いのはどういうわけだ？

もちろんその日はコンサートが終わって朝方までブリクラは続いた。

AUDI A8

プロフィール

アウディのトップレンジで、2003年のモデルチェンジで現行型に移行した。Sクラスや7シリーズがライバルだが、それらに比べて設計が意欲的。A8最大の特徴であるASF、すなわちアウディスペースフレームと呼ばれる特殊な構造のオールアルミ・モノコックボディが改良の上、継承されたほか、輸入モデルは全車が得意のクワトロ4WDシステムを備える。3.2FSIクワトロは05年に追加されたガソリン直噴仕様。日本ではこのほかV8 4.2（FSI）とW12 6リッターが選べ、ロングホイールベース版も用意されている。

コンディション

スペック：'06MY A8 3.2 FSI クワトロ／6AT
全長5055×全幅1895×全高1450mm　ホイールベース2945mm　トレッド前1625／後1610mm　車重1890kg　乗車定員5名　フロント縦置き4輪駆動　V型6気筒3122cc　260PS／6500rpm　330Nm／3250rpm　オートマチック6段　前4リンク、エア／後ダブルウィッシュボーン、エア　前ベンチレーテッドディスク／後ベンチレーテッドディスク　ラック・アンド・ピニオン／油圧アシスト　255/45R18タイア

価格／装着オプション（試乗時・消費税込み）

849万円／―

キーボーディスト

ちょうど逗子でコンサートがあって、僕は東京からプジョーを運転して逗子マリーナに向かっていた。逗子駅の入口付近の信号で停まろうとしたとき、前のＢＭＷの助手席のやつがドライバーにのしかかるように襲いかかって、ドライバーは助けを求めるかのようにクラクションを長く長く鳴らし続けた。30秒くらい……。これは事件だ、と思った。ドライバーが殺されるかもしれない。動揺が走った。というよりも、一刻も早くこの危険な場面から逃げたかった。この気持ち、わかってもらえると思う。巻き添えはごめんだ。しかし、ドライバーはやられるがままで、抵抗をするふうでもなく、血が飛び散るわけでもなく、ドアを開けて転がり出るわけでもなかった。長い長いクラクションのあと、車はよろよろと走り出した。助手席のやつは元に戻ってふんぞり返った……ようにみえた。なんだろう、いったいなんだったんだろう……。

次の信号で停まったとき、僕はルームミラー越しにドライバーの顔を見た。どこかで見覚えのあるような……。そういえば助手席の危ないやつのシルエットもどこかで見覚えのあるような……。「あっ、武部……」。そう、そしてその車は僕と同じマリーナへと入っていった。聞くところによると、信号でのろのろしている車が前にいたので、思わず助手席からクラクションを鳴らしてやったんだ、という。運転するマネージャーもたまったもんじゃない。

短パンの優等生

2006.1

ポロＧＴＩを借りてかみさんと寒川神社にいった。いやいや、そのために借りたのではなかったのだけれど、借りたその日が大雪になってしまって、結局雪が溶けたその翌々日、そんなことにしか使えなかったということだ。つまり、ほんのちょい乗りである。

さて、僕の興味はゴルフのＧＴＩに対してこっちはどこがどうなんだろう、ということだ。あちらは僕の思う理想に近い車。こちらはどうなんでしょう。変な話、こういう毎日乗れるような車には個人的な基準がいくつかある。まず、小さければ小さいほどかっこいいということ。それでいけば、ポロはゴルフよりはかっこいいということになるが、実際の格好はあまりよろしくないと思った。ゴルフが何か間違ったものと掛け合わされて出来てしまったような、なんともバランスの悪い格好に思えたのである。特に寒川神社の駐車場に止めてあるポロを遠くから見たら、得体の知れない物体のように見えた。国産車よりかっこ悪いね……というのはかみさんの発言である。うーむ、この人はどれが国産車なのかいったいわかっておるのか、という疑問もないではないが、かなりかっこ悪い、ということが言いたいらしい。僕も同感だから仕方がない……。話はそれたが、基準その2としては運転席から見切りがいいこと。グラスエリアは大きければ大きいほどよろしい。この点、ポロはすばらしい。

もう理想的な見切りのよさである。流行の狭いグラスエリアデザインとは逆行するけれど、これだけで気持ちよく安全運転が出来そうだ。基準3としては操作感がいいこと。ステアリングのタッチとか、ペダルのタッチ、切れ方、停まり方……この点もポロは優等生だと思った。

　ここまでで いえば、かっこだけ目をつぶればかなり理想形ということじゃないか。もう一つ、いや二つ目をつぶるとしたら、それはコンソールのデザイン、さらには連れ込みホテルのネオンのようなメーターの照明だろうな。いいかげんVWはこの色を使うのをやめてほしいものだ……と、そんなところだろうか。

　それでは走りのほうはどうかというと、これがなかなか魅力的なのである。緻密さとワイルドさが混在したような、明るい性格の持ち主だった。まず1・6リッターターボエンジンはかなり力強く、活発で、しかしよく躾けられている。のけぞるようなものではないけれど、ちゃんと内側に弾みをつけて回っていくのがわかる。パワーあるねえ、と思わずにんまりしてしまうエンジンだ。しかし、うっかり回転をあげてクラッチをつなごうものならいきなり前輪が暴れだす。トルクステアが起こるのである。現代のよく出来たシャシーに対してこれである。そ

れほど力があるってことか。この少々やんちゃな性格は飛ばしても同じだった。どっしりしたゴルフに対して、ちょっとスポーツしています風なポロ。アンダー、オーバーがゴルフよりはしっかりと顔を出す。こういうクラシックな性格を僕は嫌いじゃない。うっかりしていきなり限界を超える心配が少ないから……。

しかしこういう場面でシフトフィールはあまりいただけなかった。曖昧さはないものの、きっちりとシフトすることを要求してくるような感じ。スピーディにシフトすることを拒むような渋さもあった。シフト途中でひっかかり、おっとっと、という場面が何度かあった。ＤＳＧが欲しい、と思った。

一方、高速道路ではゴルフにも似た、ピシッとした直進性と、びっくりするくらいのフラットさに感動させられた。自分のプジョー１０６を頭の中で比べてみると、まずしっかり感は雲泥の差でポロの勝ち。直進性も倍くらいいい。フラットさで定評のあるプジョーもやはり新しいポロにはかなわない。もし、プジョーに勝ち目があるとしたら、それは当たりの柔らかさだけだろうな。あ、それとデザインか。これは個人的な意見ではあるが……。

そんなことを考えながら東名を上り我が家に向かう。助手席はというと、お札を抱えたまま、当然のことのように居眠りである。

VOLKSWAGEN POLO GTI

プロフィール

ベースのポロそのものは2001年秋のデビューと古いが、GTIは05年の東京モーターショーで新規に登場した比較的新しいモデル。シリーズ他車よりひとまわり大きな1.8リッターのターボインタークーラーユニットを搭載する。コンパクトで軽量なボディに150PSは相対的にパワフルだが、その一方でメカニズムの近代化はやや遅れており、エンジンはノンFSIの間接噴射、ギアボックスはコンベンショナルなマニュアル、しかも5段のままだ。“2ドア”のほかに“4ドア”が用意されている。もちろん、テールゲート付き。

コンディション

スペック：'06MY ポロGTI 2ドア／5MT／走行4,000km
全長3915×全幅1655×全高1465mm　ホイールベース2470mm　トレッド前1415／後1410mm　車重1180kg　乗車定員5名　フロント横置き前輪駆動　直列4気筒1780ccターボ付き　150PS／5800rpm　220Nm／1950-4500rpm　マニュアル5段　前マクファーソンストラット、コイル／後トーショナルビーム+トレーリングアーム、コイル　前ベンチレーテッドディスク／後ソリッドディスク　ラック・アンド・ピニオン／電動-油圧アシスト　Dunlop SP Sport MAXX 205/45R16タイア

価格／装着オプション（試乗時・消費税込み）

228.9万円／—

この楽器の二つのオシレーターはエンベロープ特性が極めてなだらかなカーブを描くように作られており、片側のカットオフレベルを下げると微妙なフェーズ感が実に心地いい。ディケイもほんの32分音符程度のディレイからまるでホールの残響のようなレベルまで微妙にコントロールできる。音色についてはＣ２のあたりのレンジで若干４００ｋＨｚ周辺が多めに感じるが、それもコンソール側のＥＱで調整できる程度のレベルだろう……。

さて、これはとある楽器のインプレッションである。これ見てどんな音がするか分かるだろうか？　僕は全然分からないです。殆どのミュージシャンがさっぱり？？　だろう。

何が言いたいかって、今の自動車雑誌はこうなんだ、ということが言いたい。専門家同士の会話ならともかく、専門用語を並べ立てて説明したって、それを日常的に肌で感じている人たち以外は蚊帳の外だろう。意味ないんだよ。それで雑誌が売れないなんて君たちは何を考えておるのかね。気取った文学調もお笑いだが、もっと気の利いた解説はないもんか、と思う毎日である。

３年前の理想は今でも理想か？

2008.4

本来ならば、ここには２００５年に書かれた原稿が入るはずだった。しかし気が変わった。なぜなら読み返していくうちに、これはまずい、と思ったからだ。ＧＴＩ。３年前の原稿ではもはや「ほめ殺し」といっても差し支えないくらいの賛辞が続いている。いわく「サイズがいい」「スペースユーティリティがいい」「運転しやすい」「シャシーがいい」「エンジンがいい」「ＤＳＧがいい」「つくりがいい」……まだまだあるのだが、この辺にしておく。極めつけは、ＧＴＩこそが僕にとって最良の車、というくだりだ。そこまで言い切るには３年経過した現在も同じものを持ち続けているかどうか確認しなければならないだろう。というわけで再度ＧＴＩを借り出したのである。

うちにやってきた白いＧＴＩのことを話す前に、この３年間に於けるゴルフの画期的な進歩について触れておこうと思う。まず、ＧＴＩ発売のあと、しばらくしてＧＴ ＴＳＩというモデルが出た。これが小さい排気量エンジンにターボ、スーパーチャージャー、という2連装で武装した強力モデルで、さらにＤＳＧも同時に装着された。さてＧＴＩとの住み分けはいかに、というところだがワーゲン側はこれをＧＴＩの弟分であると宣言。確かに２０００ｃｃに対して１４００ｃｃ。２００馬力に対して１７０馬力だから納得ではある。ところがこの強力ユニットをワーゲンはその後どんどん拡大。

いまやヴァリアント、ジェッタは言うに及ばず、トゥーランにまで採用するに至ったのである。言い換えるならば、小排気量ハイテクエンジンこそがワーゲンの主役といっていいほどなのである。それらは乗って痛快。しかも快適というつわものだったから、ひょっとしたらＧＴＩ危うしではないか、と思われた。

　果たして久しぶりに乗ったＧＴＩはずいぶん硬い車に思えた。サスペンションはまるで鳥の軟骨を思わせるくらいコリコリしている。ありゃりゃ……こんなだったっけ？　真実を知るのはもはやオーナーかワーゲン関係者だけである。それにコンパクトに思えたボディは、たまたま遊びに来ていた友人の先代メルセデスＥクラスと並べても決定的に小さくは見えない。むしろずんぐりとしてうすら大きく見えた。乗り込んでみても同じ。インテリアは広々としていて、コンパクトというのがはばかられる。もっとも後席が以前の記憶よりもずっと広々していたことにちょっとびっくりしたのだが……。ひょっとすると僕がこの３年のあいだに歳をとって小さくなっているのかもしれない。

　ただし、走り出すとＤＳＧミッションがずいぶんと滑らかになっていることを発見。これは僕の足が弱くなっているせいではなかろう。知らない人が乗ったら「ただのオートマ」と思うはずだ。スムーズにつながるようになったのはいいけれど、逆にスパッスパッと決まっていたシフトチェンジのスピードは若干鈍くなったように思う。Ｄレンジで走る限りでは、通常のトルコン式とたいして変わるところはない。ＧＴＩに乗ったらステアリングの裏にあるパドルを積極的に引いて、ＤＳＧゆえのスピードシフトを味わうべきだ。このレバーのショートストローク感は実にレーシーで気分がいい。エンジンはアイドリングではずいぶん静かだ。トヨタのエンジンか？と思わせるくらい静かで、かつ振動も少ない。踏み込んでいくとスムーズにクラッチがつながり、その後ターボが立ち上がるのか、ぐぐぐっと2次曲線的に加速が始まる。このときのエンジン音はボボボボッ、と文字で書くと迫力がありそうだが、実はたいした迫力もなく、どちらかといえば脇役的な歌を歌いながらクレッシェンドしていく。ワーゲンらしい、とも言える。

割合大きめのシートは硬い乗り心地をうまくいなす役割を果たしていて快適である。あんこの量がちょうど適量だからだろう。これ以上少ないとまるでロードレーサーのようになるだろうし、これ以上多いとダンピング不足のようなピッチングを繰り返すかもしれない。例によってGTIスタンダードとも言えるチェック柄のシートは素敵だ。

僕がこの車で何よりも好きなところはステアリングに伝わってくるもの、だろうか。巧みに雑味が消されていて、しかもちゃんとロードインフォメーションはある。親戚に当たるアウディと似てはいるものの、手ごたえはこちらの方がある。まるで手のひらの柔らかい部分でべったりと路面をなぞるように走っているがごとき安心

感がある。ステアリングホイールもいたずらに太くないから、繊細なイメージを助長させるのだろう。

さて、峠道を飛ばしてみると、ロール自体は決して小さくないことがわかる。進入スピードが速ければ明確に軌跡は膨らむ。だから、というのも変だが、そこで急に乱れるということもなく、ちゃんと対処していく時間がたっぷりとあるのがありがたい。僕程度のドライバーにはうってつけのセッティングである。本当の限界はそこからさらにだいぶ入った奥の方にあるのだから。

さて、ちょっと早いかもしれないがそろそろ結論を出そうと思う。元の原稿ほどダントツの1位ではなくなった。主に乗り心地の硬さによるものと考えて欲しい。ではGT TSIが1位かといえば、やはりエンジンの力の差は大きいように思う。だから……僅差でGTIの勝ち。車1台で暮らすなら、つまらないチョイスかもしれないが、僕の場合この車だ。

VOLKSWAGEN GOLF GTI

プロフィール

初代の登場が1976年にまで遡るホットハッチのパイオニア。2004年秋に加わったゴルフVベースの5代目は6MTとともに用意されるDSGツインクラッチ式セミオートマチックの装着が大変革をもたらした。その素早くシームレスな変速が従来マニュアルしか認めなかったヨーロッパ人ドライバーの嗜好まで変えてしまった。エンジンはターボ・インタークーラー付きの2リッターだが、その後新たに登場したターボ+スーパーチャージャーのGT TSIが同等以上に好評なことから、社内での今後の棲み分けが注目される。

コンディション（初回試乗時）

スペック：'05MY ゴルフGTI DSG／6AT／走行10,000km
全長4225×全幅1760×全高1495mm　ホイールベース2575mm　トレッド前1530／後1505mm　車重1460kg　乗車定員5名　フロント横置き前輪駆動　直列4気筒1984ccターボ付き　200PS／5100-6000rpm　280Nm／1800-5000rpm　2ペダル式ツインクラッチシーケンシャル6段　前マクファーソンストラット、コイル／後4リンク、コイル　前ベンチレーテッドディスク／後ソリッドディスク　ラック・アンド・ピニオン／電動アシスト　Continental SportContact2 225/45R17タイア

価格／装着オプション（試乗時・消費税込み）

336万円／フロントトップスポーツレザーシート ＆ シートヒーター（21万円）、MMS（カーナビゲーション 24.675万円）＝合計381.675万円

40

ベーシスト

知り合いのベーシストはお酒を飲むと時々わけがわからなくなるらしい。お酒の武勇伝は人それぞれ。かっこいいやつもいれば、かっこ悪いやつもいる。彼はもちろん後者だ。救いは飲んだことを自覚していること。だから飲んだら運転しない。代わりに運転するのはたいていがツアーマネージャーである。その場にいればいいが、いない場合は電話で呼び出されるらしい。酒癖は決してよくないので「逆らわない」というのが鉄則だ、とツアーマネージャー。しかし、彼らはある晩、車の中で殴り合いのけんかになったんだそうだ。理由はジャクソン・ブラウンについて（ちなみに70年代のアメリカのシンガーであるが）好きか嫌いかで意見が割れたらしい。まずいとわかっていながら主張を通そうとした彼（ツアーマネージャー）はさすがに音楽を生業にしている人間だと思った。えらい。

エンジンは七難を隠す

2005.12

２００５年の暮、ＢＭＷ１３０ｉ Ｍ-スポーツを借りた。このところ嫌いだった1シリーズがなんだか好きになってきていたので、少しだけ運命のようなものを感じながら借りたのであった。さて、なぜ1シリーズが嫌いだったか……。多分ゴルフのライバルというようなもっぱらの噂のもとで出てきたのがいけなかったんだろうと思う。ゴルフのライバルにしては圧倒的にユーティリティ不足であり、開放感ではなく閉塞感に富み、死角も多く、さらにはＢＭＷの持ち味でもあるスムーズなステアリングフィールも持ち合わせていなかったからだろう。持っていたのは後輪駆動であるということと、自慢の重量バランスだけだった。最初の輸入は１２０だけ。つまり2リッター４気筒モデルで、このエンジンもたいしたことはなかった。ＢＭＷにしては性格も暗く、無口というか、縁の下の力持ち的なエンジン。ＶＷからやってきたんだろうか……と思わせるようなエンジンだった。いや、印象としてはもっと暗かったかもしれない。というわけで、いい印象になるわけもなく、しばらくは眼中になかった。

ところが不思議なもので、時間がたって、ゴルフのライバルといういわゆるマスコミの刷り込みから離れてみると……これって実はアルファ１４７のライバルなんじゃないの？ 形といい、サイズといい、成り立ちといい……となると目指しているものはドライビングファン？……となって、街中で見ても気になるようになってくるんだから不思議なものだ。恋愛にも似ている。

　同じプラットフォームを使っているといわれている３シリーズと比べて、コンパクトだったことも印象をよくした。そう、メジャーでいろいろなところを測ってみると、微妙に別の車に仕上がっているのである。乗り込んだときの印象の違いは、もちろんサイズの違いもあるのだけれど、ダッシュボードのシンプルさ加減から来るものだ。ふたまわり小さい車に乗り換えたような気がした。もちろんサイズ的にはたいして違わないのに、だ。低いシートに収まると、まさに体の一部になったようじゃないか……と、当初の印象はどこへやら、あばたがえくぼに変わるのも恋愛と一緒だな。

　うちにやってきた広報車両はシルバーのほう。どうやら１３０の広報車両は２台あって、シルバーはアクティブステアリングなしのほうだ。僕としてはやはりこっちのほうがいい。いくらアクティブが自然になったとしても、だ。うちのガレージの前で鍵を受け取ってしげしげと眺めてみるとやはりかっこいい。おかしいなあ。数ヶ月前に１１８を借りたときにはそんなふうには思えなかったのに……という自分がなんだか情けなくもあり、面白くもある。まあ、でもこのスタイリングはこの時点での主流なんだろうなあ、と思う。エモーショナルを形にするとこうなる、というような見本だろう。だから伝統のキドニーグリルが僕にはとってつけたように映る。唯一、不自然だとしたらここらへんである。もっとも、フロントグリルのいわゆる顔、というやつはここのところどこのメーカーも印象付けようとしているから、この不自然なくらいのほうが印象的でいい、ということなのかもしれない。

さて、それでは、と乗り込むとＢＭＷワールドは相変わらずだ。これをなんと表現しようか……。繊細でモダンな世界、というのが一番あっているかな。きめ細やかなラインで描かれた洗練されたワールド。ライバルたちに比べると若干線が細いように感じることもあるけれど、体育会系というよりも知的な理工系なんだから仕方あるまい。座っただけで繊細な気持ちにさせられるから不思議だ。だからM-スポーツのこの太いグリップのステアリングホイールは似合わない。運転しても違和感が残った。

キーはステアリングポスト左のキーホールに差し込んでボタンを押してエンジンをスタートさせる。3リッターストレート6はたいがいのＢＭＷのように「シューン」とかかるのではなく「ボッ」といってかかった。このガスバーナーのようなかかりかた……どこかで聞いたことあるなあ、と思い出してみると、それはちょっと前に所有していたアルピナなのであった。排気系にどこか似たような材質を使っているのか、取り回しの具合なのか、それともアルミ、マグネシウム合金素材を一部に使ったエンジンから来るものなのか、よくわからないけれど、とにかく高精度なものに火が入った感じだ。そして次の瞬間には「スルスル」と静かにアイドリングを始める。ああよかった、と思う。このところドイツ車では演出過多なものが多く、アイドリングでさえ近所にはた迷惑な排気音を響かせるものが多いからだ。

シフトを1速に入れる。ゲート間をぬるりとした感覚で吸い込まれるように入った。スプリングは強めなようだ。軽くて精度の高そうなクラッチをつないでいざ走り出すと、さすがにそれまで借りていたアウディA6（Sライン）のような洗練された硬さではなく、ちょっとワイルドな硬さだ。ばたつきがある。揺すられる。あらら……百年、いや数ヶ月の恋も冷めるかもしれない、と思った。

それに引き替え、新設計6気筒エンジンは、もうこの時点でほかとは違うんだという主張を訴えかける。まず、ウルトラスムーズだ。エンジンからの振動がまるでない。そしてパワーの出方が風のようだ。ふわっと立ち上がってどこまでも舞い上がるかのよう。機械と呼ぶにはあまりにアーティスティックだ。美しすぎる。やっぱり僕はずるずるとこの車に惹かれていくのであった。

この日の試乗ルートは自宅から銀座の歯医者まで。首都高速は1時間以上と表示されているので下から行く。環8から目黒通りへ抜け、三田のほうを通ればいい。しかし空いていると思った目黒通りはぜんぜんだめだった。ストップアンドゴーを繰り返しながら、こりゃあ約束の時間の1時間遅れかもしれないなあ、と思う。用賀〜銀座が2時間コースというわけだ。歯医者に1時間遅れはないだろう、と思われるかもしれないが、知り合いだから待ってくれる。いや、そうに違いない。早速電話をかけると、気をつけてこいという。やさしい先生だ。とはいってもこの絶望的な渋滞。電車やら飛行機に乗らなくてはならない人たちだったらいったいどうするんだろう。なんてのんきなことを考える。のんきなことを考えられるのはシートが僕にあっているせいだった。2年前から坐骨神経痛もちになってしまった僕はシートを選ぶのである。座面の低さといい、柔らかさといい、シート自体の薄さといい、どう考えてもあわないだろうと思っていたこのシートが妙にあうのが不思議だ。しだいに、最初のうちは気がつかなかったいろいろな点が少しずつ見えてきた。たとえばステアリング。初期の1シリーズは妙にスティッキーで渋く、スロースピードでも極端に重かったものが、これはかなり違う。滑らかで、かつ重さは許せる範囲になった。ヒルアシスト付きのブレーキは、こういうストップアンドゴーのシチュエーションでもさりげなく働いて精神的にサポートしてくれる。ウィンカーやスイッチ類のタッチもいい。閉塞感があると思っていた室内も包まれ感というか安心感に変わって……。

　そう思うといてもたってもいられなくなって……もちろん渋滞でやることがなかったせいもあるのだが……ＢＭＷの広報に電話をした。誰でもいいからこの感覚を伝えたかったのである。僕が直接広報に電話することなんてめったにないもんだから、担当者は事故でも起こしたと思ったらしい。電話口の声が妙に構えているのがわかる。僕は単純に「すばらしい車ですね」というつもりが、なぜか「この車、購入したいんですけれど……」と口走っていた。魔がさしたのだろう。むこうはほんの少しだけ沈黙した後「その車そのものですよね」という。「これを売ってくれるんですか?」と僕。「それもできますよ」という。ほっほう。それは相当安くなるという

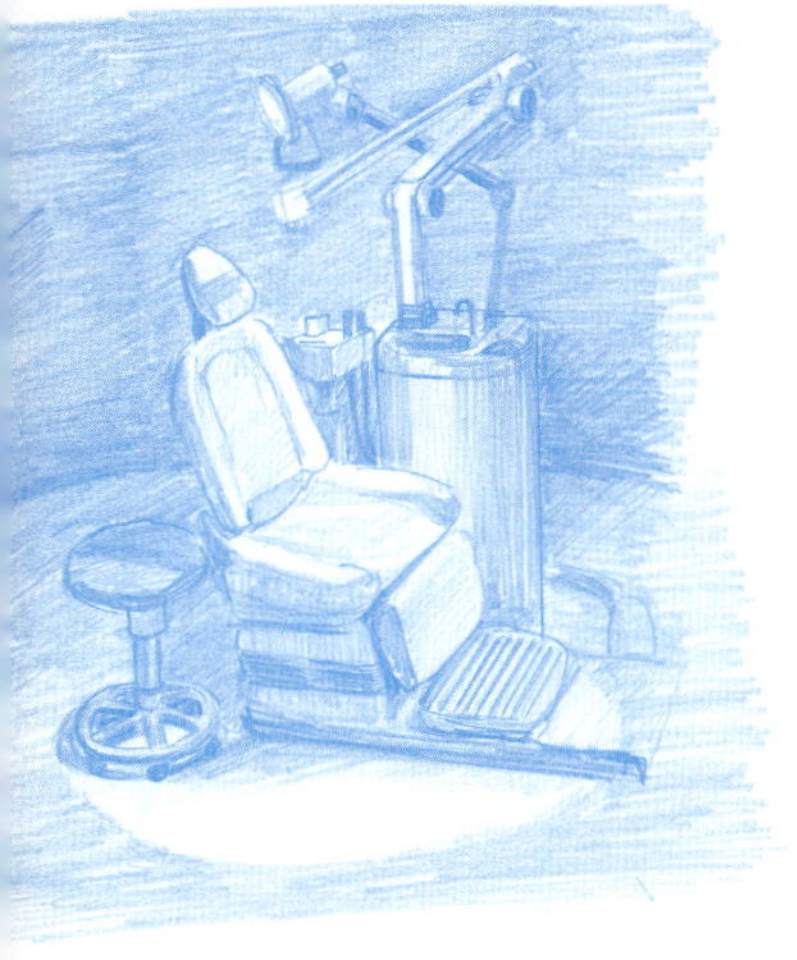

ことか……。「ただし９０００キロくらい走ってからということになりますけれど」……そうか、ということは今４０００だからあと５０００か……。それまでジャーナリストや雑誌の連中にいたぶられるわけだな。マニュアルシフトになれていない連中がひどい扱いをすることも考えられる。そう、これがマニュアルじゃなかったらありがたくお受けする話かもしれないけれど……。ということで、ちょっと後ろ髪を引かれながらもこの車は諦め、ディーラーを紹介してもらうことにした。どうもこういうところにＡ型の性格が出てしまう。まあ、この車そのものでもたいして安くはならなかっただろう……ということにしておこう。

　というわけで生まれて初めて、広報車両から電話注文をするというおかしなまねをしてしまった。こういうことは最初で最後であってほしいと思う。さもないと身が持たない。

　歯医者では治療をしながら車の話になった。彼は治療中にはしゃべれないということをあまり理解していないらしく、必ずいろいろとしゃべりかける。僕は「はふー」とか「へひー」とかいうだけ。でも、僕が最後の患者なのでその車で一緒にカツサンドを買いに行こうという。助手席に座ったとたん、彼は「いいですねえ」と言った。さっき注文したんですよ、とはついに最後までいえなかったけれど、カツサンドを買って彼を家まで送り届けるあいだ、僕はきっとニコニコしていたんだろう。

「そうですか、そんなにいいですか……」と言った。そういえばこの人は人の恋愛をよく見破る人だったな、ということを思い出した。ばれてるな、と思った。

BMW 130i

プロフィール

それまでのtiコンパクトに代わるエントリーモデルとして2004年に登場した。ボディはBMW初の5ドアハッチバック。MINIを前輪駆動という理由で別ブランドとし、あくまで後輪駆動にこだわるBMWはスペースユーティリティの不利を承知の上で3シリーズと共通のプラットフォームを採用、ドライビングファンに重点を置いている。130iは5ドア唯一のストレートシックスを積むトップモデル。マニュアルのほかに6ATも用意されている。07年には内外装を中心とする控えめなマイナーチェンジが行われた。

コンディション

スペック：'06MY 130i M-スポーツ／6MT／走行4,000km
全長4240×全幅1750×全高1415mm　ホイールベース2660mm　トレッド前1475／後1485mm　車重1430kg　乗車定員5名　フロント縦置き後輪駆動　直列4気筒2996cc　265PS／6600rpm　315Nm／2750rpm　マニュアル6段　前ダブルジョイントスプリングストラット、コイル／後5リンク、コイル　前ベンチレーテッドディスク／後ベンチレーテッドディスク　ラック・アンド・ピニオン／油圧アシスト　前205/50R17／後225/45R17ランフラットタイア

価格／装着オプション（試乗時・消費税込み）

487万円／電動ガラスサンルーフ（14万円）＝合計501万円

隣人

ある深夜、かみさんとテレビを見ていたら、うちの前でけたたましいクラクションが鳴った。ものすごく長い時間。誰もが異常と思えるような長さだ。これは何事だ、と思ってこっそりと勝手口のドアを開けた。このこっそりと、というのが生活の知恵だ。二次災害にあうといやだからね。周り中の家がうちと同じことをしているらしく、人が出てくる気配はない。これが都会である。

ハザードをつけたタクシーが1台。よく見ると客らしき男がドライバーに覆いかぶさっているように見えた。また武部か？　いやいや、そうではない。これはタクシーだ。現金強盗かもしれない。ものすごい動揺が走った。とにかく110番である。いつもながらこういうときの110番の対応は悠長である。というよりも悠長に感じる。ドライバーが殺されるかもしれないんだぞ。こちらの思いは焦る一方。110番をし終わると再びこっそりとドアを開けて様子を伺う。まだもめている。なんだかよくわからないけれど車内はうごめいている。

刺されたのかもしれない。それにしては血は出てなさそうだ。言いあっているようでもあるし、つかみ合っているようでもあるし、なにぶんにもこれ以上近づきたくないのでよくわからない。

　ようやくサイレンの音がしてパトカーがやってきた。警察官の声がする。わさわさとドアを開けて出て来る近所の住人たち。みんな考えることは同じだ。そこで僕が見たのは結構ショッキングな光景だった。タクシーのドアがみんな開いている。そして誰もいないのである。二人ともいない……。

　ドライバーはどこかに引きずられていって刺されたのか。緊張感が走った。そのうち、背の高いひょろっとした感じの男がふらふらと現れた。「あっ」と、うちのかみさん。顔を見られないうちにうちに入ろう、と言う。

　どうやらその男は隣人らしい。隣人が酔っぱらって何をしたのか……。僕は知らない。ただ、翌々日にはうちの前を普通に歩いていたから、たいしたことではなかったんだろうと思う。人騒がせなやつだ。

51

楽しい(?)事前試乗

2005.10

トヨタ広報から東富士テストコースでGS４５０h、つまりレクサス・ハイブリッドの試乗案内が来た。僕は普段試乗会には行かない。なぜならあまり知らない場所で、しかも切羽詰った時間の中でとっかえひっかえ乗ってもわかるわけない、と思うからである。第一印象はかなり僕にとって大事なものだし、第一印象は1回限りのものである。それをそんな場所で費やしてしまってはもったいないじゃないか。

　しかし、今度は違った。まずレクサスに関しては何週間も借りたから前知識がある。さらに言えば、東富士は初代プリウスが発売される前と初代アルテッツァが発売される前に来ていて、なんとなくコースを知っている。いや、でも一番大事なことは、僕が今一番興味があるのはトヨタのハイブリッドだからかもしれない。というわけで昼一番でのこのこと出

かけていったのである。本来は知らなくちゃいけないスタッフの面々に出迎えられて、なんとなくファジーな挨拶をしながら会議室に上がっていくと、なんと、試乗会のゲストは僕一人であった。僕一人のために10人以上の重要なスタッフが、遠くから来てくれているのである……。こいつは参ったなあ、と思う。それにしてもこれは、コンピューターゲームの製作者たちが一人の鼻をたらしたガキに説明をしているようなものではないか？　もちろん僕はその鼻たれのガキだ。と心では思っていても誰も口にはしない。なぜなら僕はカー・オブ・ザ・イヤーの選考委員だからだ。いやなガキだね。

　こういうところにくると多くのジャーナリストは結構知ったようなことを言うんだろうなあ、と思う。実際そういう光景はよく目にした。しかし、だ。製作者から見ればジャーナリストなんてまだ素人もいいところなんじゃないか、と思うわけである。部品を製作し触り、テストを重ね、ばらして組みなおしたり、そんな連中に太刀打ちできるわけないじゃないか。

　では僕に何が出来るのか、といえばそれは素人の視点だ。製作者がとっくに忘れてしまっている素人の視点がここにはある。これこそが一番求められているものなのではないか……。

　一通りのレクチャーを受けた後にマイクロバスで第1テストコースに向かう。マイクロバスに乗ると妙にわいわいやりたくなる僕ではあるが雰囲気は少し違う。妙に神妙な空気のままバスはテストコースにたどり着いた。

　そこには見慣れたGSが1台。なんだかうやうやしく停まっていた。さて、と、これだな。これが例のハイブリッド、と。３５０のエンジンにハイブリッドなんだそうである。で、計算上４５０というネーミングになっている……とレクチャーで聞いたことを思い出しながら乗り込む。と、隣に若い技術者が一人乗り込んできた。「よろしくお願いします」という。

　そうか、下手は出来ないわけだな、と瞬間的に思う。参ったね。下手なやつが下手が出来ないということはどうしたらいいんだろう。などといっても始まらない。例のスタッフ10人以上は車の外から僕たちの動向をじっとうかがっている。仕方ないのでスタートすることにした。しかし、こういう状況では結構緊張するもので、あれ、ハイブリッドってどうやってエンジンをかけるんだっけ、なんてことになるのである。いったん深呼吸でもすればいいのにね。

　ハイブリッドは音もなくするすると走り出す。「おやー、硬いぞ」これは僕の第一声。「こんなに硬かったっけ？」これが僕の第二声。その後はいろいろなことを言ったんだろうと思う。隣の技術者はなにやら一生懸命書きとめている。きっと助手席で彼なりの印象を書きとめているんだろう。まじめな人である。話を聞くと、彼はセッティングの最終段階を任されている技術者だという。何だ、一番大事な人じゃないか。その若さでねえ。僕はゆっくり走ったり、最高速付近で走ったり、渋滞の中を這いずり回るような運転をしたり、最高速あたりから急ブレーキをかけたり、それこそ高速レーンチェンジから何から何までやった。隣はさぞかし辛かったと思う。それでも酔えないのは担当技術者だからか。三、四十分ほどしてバスに戻ると、今度は別のテストコースに連れて行かれた。さっきのが大きなオーバルコースだとすると、次の第3テストコースはワインディングロードあり、さまざまな路面状況ありという過酷なコース。ここをお連れの方を乗せて走り回らねばならない。コースアウトしたら笑い話にもならない。しかし、のろのろ走っても後で何を言われるかわからない。四面楚歌だ。

　でも思い切って走り出してみると、そうそう、少しずつ思い出してきたぞ。このコースはこうだったよね。４５０ｈは結構なペースで弾丸のように走る。普通の４３０が軽快なスポーツサルーンだとするとこっちはなんとも重厚な弾丸車だ。ゴジラの足をも突き破るくらいのトルクである。「ここはいろいろな車が飛んでしまうんですよ」というラリーにでも出てきそうなうねりを乗り越えてもこいつは全くなんともない。例えば？と聞くと、「新しいメルセデスのＥ５００とか……」「へえ、そうなんですか？」「昔のは飛ばなかったんですけどねえ」「アルピナは？」「あれは完全に飛びますね」「へえ」「ところでＧＳとＩＳ、どちらがお好きなんですか？」「僕はＧＳですね」「能力的なことですか？」「いや、好みです」と僕が質問者になりながら、何周も何周もした。さすがにこれ以上走っていると待っている人たちに申し訳ないと思ってピットインすると、日はずっと西に傾いて富士山が赤く染まっていた。

　バスは再度会議室に向かい、またまたもとの場所に全員が着席すると、それでは……と誰かが言い出し、何が始まるのかと思ったら僕の隣に座っていた技術者がおもむろにノートを取り出して読み上げ始めたのである。

「まず、おやー硬いぞ、とおっしゃいました」「次に、こんなに硬かったっけ、と……」なんだ!? ノートをとっていたのは彼自身の印象ではなく、僕の言葉を書き取っていたのである。赤面しながら僕は言い訳を一生懸命したような覚えがあるが、焦っていたこと以外は忘れてしまった。焦ると忘れる。これがこの日覚えた教訓である。

さようならランエボ

11年とちょっと乗ったランエボⅣ（ちょっとだけ改）を手放した。もともと借りていた車だったので返したと言った方がいいかもしれない。さすがに11年乗っていると思い出もある。一番の思い出は、雨のターンパイクを5分台で駆け上がったこと……ではなく、長野県の別荘に半年置いておいたら中がカビだらけになってしまったことである。これには参った。マスクで口を押さえ、掃除をしながら考えた。同じようなことをしている人たちはいったいどういうケアをしているんだろう……。きれいにきれいにしたつもりでも、かび臭さは数ヶ月取れなかった。多分、僕の肺はその細菌をずいぶん吸い込んだはずだ。

　かっこよくしようといろいろと画策もした。まずタイアを大きくし、ブレーキもブレンボ製のやつを奢り、その次はエンジンを少々いじり、さらにサスペンションをいじった。全部自分でやったかのように書いているが、やったのは当然そういうところ。レースをやっている専門の業者だ。僕のお気に入りは、それが5ナンバーだったこと。3ナンバーだったら速いのは当たり前だからだ。

機械式のＬＳＤは面白いように効いて、車は右に左に自由自在に操れるような感覚を得られた。しかも踏めば即座に姿勢が戻るから安心だった。ワイア式です、と訴えるようなシフトだけは最後までいただけなかったけれど、これは新しいランエボでもたいして変わっていない。セミＡＴがラインナップされたのは必然だったと思う。

ここ数年、1年のうちの出番はほんの数回。手放すのは当然だ。けれど、ある朝突然引き取り手が来て、キーを渡して車が去っていくのを見たとき、失敗したかな、と思った。かびだらけにしてもとっておくべきだった……と思うのは間違いだろうか？

微妙なミーティング

2005.11

三菱と由実さんとのつながりは2代目ミラージュまでさかのぼることになる。２代目の登場のときにＣＭソングとして彼女はスイートドリームスという曲を書いた。あのときの打ち合わせの席をなんだか今でも覚えている。コンテは誰が書いたか忘れたけれどコピーは真木準さんだった。いくつかのコピーを聞きながら僕はぼんやりと60'sだな、と思った。そういうポップなものを要求されているような気がしたのだ。だからあのリズムは打ち合わせのときにもう出来上がっていたといっていい。それに彼女はコードをつけメロディをつけた。もちろん詞もだ。曲があの車に合っていたかどうかはわからない。いや、多分合っていなかっただろう。でも、出来あがった曲は好きだった。

あれからどれくらいの歳月が過ぎたのだろう。20年？ そんなものかもしれない。その間に僕は車の仕事をするようになった。10年ちょっと前くらいからは日本カー・オブ・ザ・イヤーの審査員である。三菱の人たちと会うときのスタンスが微妙に変わった。彼らは僕のことをジャンルの違うちょっと遠い位置にいる人間ではなく、直接関係のある人間と見るようになった。いや、違うな。遠いようで近いようで、やっぱり遠い、ものすごく不思議な距離感になったのだ。昔の関係だったら会うと「どうも、いつも……」という感じなのだが、もしこれがジャーナリストだったら「やあ、やあ」となる。でも僕の場合は「やっ、これは……」と言われるのである。ね、ちょっと不自然だ。

　カー・オブ・ザ・イヤーの選考会でも、僕はなぜかほかの選考委員みたいに「うちの車に入れてくださいよ」とは言われない。三菱の人は僕にどう接していいのかわからないでいるように見える。だから妙に僕の周りをうろうろしている。僕のほうもお世話になっているという気持ちは半分あるものの、それとこれとは別なので、過去にＦＴＯに一度10点を入れたことがあるだけだ。義理もくそもない人間と思われているかもしれない。でもやっぱり、それはそうだろう、とも思われているんだろうな。

　そんな三菱が起死回生のヒットを狙うべく、iをリリースすることになって曲をまた由実さんに、という依頼があった。確かモーターショーでみた記憶はあるものの、本当にこんな格好で出てくるのか半信半疑だったので、実物を見てこれと同じならやってもいい、というような生意気な返事をした。所属事務所の社長として、ね。本当に何様のつもりだ、といいたくなるけれど、事務所に送られてきたiの写真はありえないほど未来的でかっこよかったのである。

　川崎市の高津区あたりにある三菱に出向くと、なんだか何人ものスタッフに出迎えられた。これはもしかすると……と思っていると案の定、担当主査以下スタッフによる車両説明会が始まった。僕一人のために、である。参った……、と思いつつも、ここでは事務所社長の顔から一応ジャーナリストの顔にかわってみる。だって、そういう対応なんだもの。コマーシャルソングを頼まれてのこの車

を見に出かけていってジャーナリストの対応を受けている僕。これって変だ。やっぱり変だ。

でもこの新しい車はそれをしたくなるほどの力作であることがわかった。志は今までになく高そうだ。ひととおりの説明会が終わって隣のスタジオらしきところに行くと、そこには何かの撮影用に2台のiが停まっていた。「おっ」というのが僕の第一印象。写真と同じじゃないか。これは売れる。と密かに思う。なぜだかそういう確信めいたものを感じた。

それでは構内だけではありますが乗ってください、という。撮影用の車を1台エレベーターで下ろすと、普段は何百台も車が並んでデポーのようになっているところが車をきれいに片付けてパイロンなんかが並んでいる。これも僕一人のために……と思うと思わず泣ける。いや、当然だ。そんなばかな……。おずおずと車に乗り込み、エンジンをかける。ターボチャージャー付き3気筒のエンジンは、軽の域を出ないサウンドで回るものの、振動は少ない。それより何より後ろから聞こえてくるのが新鮮だ。初めてポルシェに乗ったときのことを思い出した。でもインテリアはちょっと僕の趣味じゃない。ファンシーすぎる。この点ではスバルR1のほうがずっといい。いや、ずっと好みだ。それに、外観から想像できるような未来的な見晴らしではない。意外に普通だ。確かにフロントスクリーンの上端が丸いものの、それだけだ。もっと何かがあってもいいんじゃないか……と思う人は多いだろう。適当に走り回ったのだが案の定、よくはわからなかった。感動はそれほどでもなかった、ということだけはわかった。

　しかし、このときの僕の目的はそんなことじゃない。ＣＭをやるかどうか、だろう。もちろん一も二もなく引き受けることにした。それはスタジオで見た瞬間から決まっていたことだけれど……。スタイルは大事だ。変な話、これがもし、田舎のスーパーしか連想できないような軽だったら、ひょっとしてお断り申し上げていたかもしれない。だって、メロディも何も浮かばないだろうから。

　そんなわけでｉのコマーシャルが出来上がった。またしてもリズムから作り始めた。ちょっとオーバーかもしれないなあ、とも思った。ＣＧＴＶのテーマと共通する何かがあるよね、と由実さん。車を解釈するとどうしてもこうなってしまうんだよなあ。車のほうは予想をかなり上回る売り上げらしい。よかったね、三菱、といいたいところだけれど、僕はまたしてもｉに10点を入れなかった。裏切り者！

MITSUBISHI i

プロフィール

2006年のデビュー当時は資本関係にあったダイムラー・クライスラーが手掛けるスマートfortwoの次期型と基本部分を共有するとの噂がもっぱらだったが、その後の提携解消で別の道を歩んだのは周知のとおり。いずれにせよ斬新なデザインで軽自動車の世界に一石を投じたのは間違いない。すべてが新開発の専用設計である上にデビュー当時は全車ターボだったため、NA（SとL。もともとのLは区別のためLXと改名された）が追加された現在に比べるとベースモデルの価格が22.05万円も高かった。

コンディション

スペック：'06 i（量産試作車）／4AT
全長3395×全幅1475×全高1600mm　ホイールベース2550mm　トレッド前1310／後1270mm　車重900〜970kg　乗車定員4名　ミッドシップ横置き後輪駆動（4WD）　直列3気筒659ccターボ　64PS／6000rpm　94Nm／3000rpm　オートマチック4段　前マクファーソンストラット、コイル／後3リンク＋ドディオン、コイル　前ソリッドディスク（ベンチレーテッドディスク）／後ドラム　ラック・アンド・ピニオン／パワーアシスト　前145/65R15／後175/55R15タイア

価格／装着オプション（試乗時・消費税込み）

128.1〜161.7（L・2WD〜G・4WD）万円／—

キーワードはアバンギャルド

2006.4

確かに僕は自分のプジョー１０６を売ろうかな、と言いはした。だって、新しくＢＭＷ１３０が来てホットホットハッチが2台になってしまうんだもの。そんなの無駄だろう。とはいったものの、フレンチホットハッチの名作ともいえるこの車を実際に売る気はそんなになく、というよりも全然なく、結局今も当然のようにうちにある（２００７年1月現在）。しかし、だ。こういう話はゆっくりと自分とは関係なしに流れ出し、長い時間をかけて、ついにはどうやらプジョー・ジャポンの広報にまで届いたようだった。こっちは売ることなんてすっかり忘れているというのに……。で、１００７を長期で貸すから乗ってみないか、という。ほう、なるほど１０６のあとに１００７を押し付けるつもりだな。そうは問屋がおろさないぞ。とはいったものの、車好きの性でやっぱり借りてみたい。で、まんまと（?）お受けすることにした。

数日後、広報の人たちと会って、色を決め、仕様を決め、ついでに内装もチョイスし、まるで本当に自分の車を買うみたいに借りる車を決めた。気分は職権乱用である。自分の車を買うときと違ったのは、ミーティングから1週間後には早くも車が納車されたことだ。

その朝、僕がいつもプジョーのメインテナンスをお願いしているお店がシルバーの１００７をトランポに乗せてやってきた。自走してこなかった理由は大事な車だから、ではなく、人がいなかったからだ。地味な色の１００７は思ったよりずっと魅力的だった。きっと形の主張がより明確に見えるからだろう。さっさと帰ってしまったトランポを後に、僕は勝手知ったるこの車をガレージにしまう。そう、借り物は自分のものよりも大事にしないと……。相変わらず室内は広々している。コンパクトなのに広々、というちょっとしたうれしい矛盾がある。ふとオドメーターを見ると１０００キロあたりを指していた。新車じゃないか……。そういえば室内のにおいもまだ新車のにおいがぷんぷんと漂っている。プジョーの新車のにおいはちょっと硬めなにおいだ。ドイツ車ほど甘くない。思わず車の中で深呼吸をした。幸せが広がる瞬間である。とはいえ、あまりゆっくりはしていられない。このまま撮影に行かないと時間に遅れる。というので一度しまった車を再び外に出して、そして一路箱根を目指した。

　ちょっと前に黄色い広報車両を１週間借りていたこともあって、印象はそれとほぼ同じだ。しかし、ちゃんとチョイスしただけあって、大きなグラスルーフはついているし、ＥＴＣだってついている。気分は上々だ。相変わらずとろいセミオートマチックだけが気分をそぐけれど、これはゲームだ、と思った。そっちがそうなら、こっちが慣れてやろうじゃないか、と。それでもいったん走り始めるとこの車は本当に生意気なぐらい大人なそぶりを見せる。僕の１０６が３世代古く感じる。つまり、ボディはドイツ車みたいに、いやそれ以上強固で、しかもサスペンションも硬めなくせにボディを揺すらない。なんだろう、これは……と思わずうなってしまう。本当に、なんだろう、なのである。東名高速に乗ると、ますますその感は強くなる。これだけ背の高いポジションで、しかもこれだけ短い全長で、こんなに揺すられない車がほかにあるだろうか……。フラット、というのはこの車のためにある言葉だな、とさえ思う。いやいや、貸してくれたプジョーにおべんちゃらを言っているのではない。現にセミオートマは最悪だ、と言っているじゃないか。

　法定速度をどんなに超えても、この車のフラットさは際立つばかりで、これには感動さえ覚える。１００７が来た翌日に納車された僕自身のＢＭＷ１３０はこの３倍揺すられる、なんていったら信じてもらえるだろうか。だから、本気で遠乗りにはこの車がベスト、と思った。普通考えられないだろう。たった１・６リッターで全長４メートルない小さなのっぽの車が、ずっと大きなサルーンよりもロングツーリングに適しているなんて……。

　まだ新車ということもあって、僕は大事に走る。一応古い人間だから慣らし運転は必要と考えているのである。昔ほど神経質じゃないけれど、やっぱり３０００キロまでは少しずつ上限を上げていきたい。ま、さしずめ今は４０００回転くらいをリミットにしよう、なんて考えると、この車の中は必然的に平和そのものになる。電動の不自然な感触は多少あるものの、このステアリングの手ごたえは割合好ましい。しっかりと重量感があって、余計な振動を伝えない。速度変化に対する重さの変化も合格点か。グラスエリアは広大で、当然見晴らしはいい。インテリアの質感はたいしたことなくても、デザインのせいで切り取られた風景が非常に魅力的に映る。よく見ると各ピラー類の異例に太いこともこのデザインの重要な要素であることがわかる。同じくらいのアイポイントで同じくらいの大きさの車でも、ちょっとこういう風景は見たことがないな。おしゃれだ。それにシートがいい。いわゆる昔のフランス車のぐにゃぐにゃしたものを想像するとがっかりするかもしれないけれど、ロングツーリングをこなせばこいつの良さはわかるはずだ。硬めの座面に対してホールドの仕方はフランス流。優しく包み込むタイプだ。

　さて、ではエンジンは……というと、これはまあ普通と言うよりほかない。よく回るわけでもなく、とりたてて力があるわけでもなく、存在自体が地味な印象だが、アンダーパワーでどうしようもない、というほどではない。電動ドアやら補強やらでずいぶん重くなったこの車体を引っ張り上げるのには充分である、としておこう。それに響いてくる音が安っぽくないのがいい。きっと重いボディのおかげだろう。遅いトラックが道をあけるのでアクセルを少し多めに踏み込むと、セミオートマはキックダウンをして、タコメーターが４０００を指したかと思うと想像よりずっときびきびと加速を始める。さすがに後ろからかっとんで来る3リッタークラスの車に一瞬でも道をあけなければならないけれど、速度が乗ってしまえば、逆にそんな車たちを蹴散らすことだって可能だ。

　不思議な時間の経ちかたをしながら箱根に着いて、本日のテスト車両を眺める。この日はＡクラス、Ｂクラス、Ｒクラスといった背の高いベンツ特集で、したがってこの１００７には少しだけライバルとなる……かもしれない。ベンツの広報諸氏はちょっと興味津々といった感じでこの車を見ている。せっかくといってはなんだけれど、これ見よがしに１００７のインテリアキットをここで換えてみることにする。10種類近く用意されるカメレオキットと呼ばれるそれは、シート、ドア内張り、送風口のリング、ダッシュボードトレイ等からなるキットで、３万円程度のお買い得商品だ。シートはジッパーでごそっと換えられるようになっており、僕が選んだベージュの渋いやつを合わせたらものすごくかっこよくなった。カタログでみていたときにはなんと子供だましなオプション……と思っていたけれど、こうやって実際にやってみると実に効果的であることがわかった。もう3種類くらい買ってこようかな、とさえ思った。慣れればものの10分で全部換えられる。

　さて、仕事を終え山を下る。後ろと隣にベンツの広報二人を乗せて山を降りた。「想像より狭いですね」と後ろの住人。３メートル半くらいでこれ以上になるかい。初代Aクラスはなんだったんだよ、と言いたいのをぐっとこらえた。するすると山を降りるさまは歴代のプジョーにも共通するような粘り腰で、しかも頼もしい。二人がだんだん無口になっていくのがわかった。

（１ヵ月後）

今、うちのガレージにはＢＭＷ１３０のほかに、５年前のポルシェＧＴ３、さらにアウディから借りているＡ６、そしてこの１００７が並んでいる。１０６はちょっと遠い屋外駐車場に移した。

さて、毎日、どの車のキーをとりたくなるか……というと、なんと不思議、１００７なのである。その理由はまずかっこいい。そう、みればみるほど、洗車をすればするほどかっこいいと思うようになってきた。次に乗りやすい。開けごまドアは伊達じゃない。本当に便利でかつ車の印象を変えている。最後は明るさ。もう何度も言って、ほとんどプジョーの回し者のように思われるのが癪だけれど、プジョーの魅力はこの明るさだ。この物理的な明るさが心理的な明るさにダイレクトにつながっている。そしておしゃれだ。カメレオキットは単なるおもちゃじゃない。それにしても１００７、ぜんぜん売れてないらしい。もっともこれは僕にとっては好都合で、街中で同じ車に出会わない気持ちよさを味わわせてくれる。

唯一の……かどうかわからないけれど、欠点は相変わらずセミオートマである。まだ、使いこなせない、というところはやっぱり欠点だろう。僕のせいじゃない。一番参るのはＥＴＣゲートで減速をして、ゲートが開いて再び加速しようとするときに、アクセルペダルの動きとは裏腹に失速をしたかのように加速を拒むことだ。まあ、ほんのゼロコンマ何秒かのことなのだけれど、ゲート前でまったく減速をしないばかな車たちに何度もおかまをほられそうになった。おかげでＥＴＣ専用レーンをあまり使わなくなってしまった。

　このようなセッティングに関するようなものは日本では直せないらしい。ＥＣＵを書き換えるのはいろいろな意味で危険だからだ。しかし、逆に言えば、本国でなら簡単にこんなことは直るということだから、早ければ今年、遅くても数年後には完璧な１００７が輸入されるようになるだろう。まあ、それまでに輸入中止にならなければ……だけど。

（1年後）

やられた。まんまとむこうの思う壺にはまった。１０６は引き取られ、１００７がやってきた。１０６の下取りが思いのほか高く、１００７はなにせ中古（！）だからまけてもらって、追い金はわずかであった。それにしても……魔が差したんだろうか。それとも１００７はそんなに魅力的な車だったんだろうか。それはあと1年も暮らせば結論が出るだろう。

PEUGEOT 1007

プロフィール

12年の長寿を全うした106に代わって2004年に登場したプジョーのエントリーモデル。玄関口こそ今風の目惹きが必要と、それまでコンベンショナルを旨としていたクルマ作りをガラリと変え、例によってピニンファリーナに造形作業を委嘱したボディはハイトハッチフォルムに電動スライドドアの組み合わせという意表を突くもの。百位の桁がモデル名、ゼロをひとつ挟んで下一桁が通算世代数を表すプジョー独得のネーミングが今回一足飛びに4桁になったのも新境地を拓かんとする決意の表れである。

コンディション

スペック：'06MY 1007 1.6パッケージオプション装着車／5AT
全長3730×全幅1710×全高1630mm　ホイールベース2315mm　トレッド前1435／後1435mm　車重1240kg　乗車定員4名　フロント横置き前輪駆動　直列4気筒1587cc　108PS／5800rpm　147Nm／4000rpm　2ペダル式セミオートマチック5段　前マクファーソンストラット、コイル／後トレーリングアーム、コイル　前ベンチレーテッドディスク／後ソリッドディスク　ラック・アンド・ピニオン／電動アシスト　195/50R16タイア

価格／装着オプション（試乗時・消費税込み）

249万円／—

かみさんの知り合いにHさんという女性誌の編集長がいる。彼女のご主人はフィットネス系誌の編集長。夫婦で編集長という珍しいカップルだ。ま、今日のところはご主人の話題は出てこないのだけれど。

そう、ゴヤールの話だ。ゴヤールというパリ生まれのバッグが密かに流行っている。いや、もう密かではないかもしれない（注：２００４年の話ですので）。どんなバッグかといえば、かみさんに言わせれば豊臣秀吉みたいなバッグだ。それじゃあ全然わからないだろうな。なんだか和を思い起こされるようなプリントが特徴のバッグ。一応それでもモノグラムと呼ぶらしい。ラブレスというお店が正式輸入を始めることになって、僕は迷った挙句にトロリーバッグを手に入れた。なぜ迷ったかといえば高かったからである。

お金を払う段階になって、ゴヤールにはスペシャルプログラムがあることがわかった。つまり、オリジナルは黒と茶色と黄土色の杉綾模様のモノグラムなのだけれど、かなり鮮やかなカラーが注文できる。ブルーだけで2種類。赤、黄色、緑、などなど……。さらにマーカージュサービスといって、パリから専門のスタッフが来店し、自分の好みのストライプやらイニシャルやら、その気になったらフロッピーディスクで持ってくれれば好みの模様を入れてくれるというシステムもわかった。

何だ……そっちのほうがいいな……とは思ったものの、マーカージュのほうは年に2回だけというし、注文しても半年以上待たされるというし、第一次のマーカージュも予約でいっぱいだといわれたので、あきらめて予定通りのオリジナルを買って帰ってきたのだった。少しだけ後ろ髪を引かれながら……。

数週間後、うちにＤＭが届いた。ラブレスからでマーカージュサービスのご案内、とあった。あら、話が違う。半年以上は待つということだったじゃないか……。ひょっとして僕に応対をしたスタッフがあとで上司に怒られたのかな、なんて思う。つまり、ああいう芸能人（？）にはちゃんとしておけ、とか。買ったばかりのやつは引き取ってくれるというのかな、なんて妄想はどんどん膨らむ。ま、とにかく電話だ。で、こういう手紙が来たんですけれど……と告げると、残念ながら30分でいっぱいになってしまいました、とつれない。ＤＭはタイミングが悪かったということらしい。やっぱり僕は特別でもなんでもなかったのだった。悔しいような、ほっとしたような、しかしなんだか納得のいかないような気分で電話を置いた。気持ちの奥で何かがくすぶっているのがわかった。心の整理がしたい…。

さて、ここでHさんの登場である。確かゴヤールのことだったら任せて、と言われた記憶があったのだ。電話をすると「任せておいて」とやっぱり言う。頼もしい。僕の代わりに鬼征伐をやってくれる桃太郎にも思える。待つこと1週間。来週の予約が取れたから、と言われた。半年のウェイティングが2週間になってしまう……というところがなんともはや……業界である。恐ろしい。しかし、だ。何度も言うようだけれど買ったばかりなのである。さすがに返却をお願いすることは出来ない。そして、2週間後の約束も、ここまで来るとキャンセルできない。絶体絶命。僕の人生最大の無駄遣いであることは火を見るより明らかである。桃太郎と鬼の板ばさみ。

2週間後、僕は意を決してお店に出向いた。心の中は実に複雑だ。足取りは決して軽くない。Hさんがお店の前で待っていた。そして、僕は人生最大の（というとちょっとオーバーだけれど）無駄遣いをしたのであった。さらに、だ。このサービスはフランス人とやりとりをするというのが特徴で、僕は彼の前で気後れをして自分の主張がうまく通せず、出来上がったものは慶應義塾カラーの旗みたいになってしまったのである。最悪である。

教訓、職権乱用はよくよく考えてから使うようにしましょう。

パリは今でもパリか？

2007. 10

　僕は結構長いあいだ初代セニックを持っていた。話せば長くなるけれど、僕にとって初めてのワンボックスでもあった。もうワンボックスならこれしかない、という感じで購入した。購入するとき、普通、この業界人だったらするように広報に電話をしたりしなかった。いきなり近くのディーラーに飛び込んだ。理由なんてない。ショールームにセニックが飾ってあったから。ただそれだけだ。初代セニックはどこからどう見ても力作だったと思う。パッケージング、デザイン、機能、どれもがおよそ手が抜かれていない。日本のどこかの大メーカーのように、適当にやっつけた、みたいなところがまったく感じられないのである。だからドアを開けて乗り込むとき、いつも新鮮な気持ちになれた。なんておしゃれな車なんだろう、と思った。10年近くこんな気持ちでいられたということは、やはりこの車は名車だったからなんだろう。フランスではベストセラー。日本では全然だめだった。セニックが向こうでヒットしているあいだ、日本ではおやじの応接間みたいなワンボックスがブームになった。国民性の違い、趣味の違い、あるいは車に対する考え方の違い……なんだろうな。

　初代セニックの素晴らしいところは、まずコンパクトで取り回しの楽なボディ。そしてグラスエリアが広くて明るい室内。メルセデスのSクラス並みの後席のレッグルーム。いかにもフランス車と

いったしっとりとしたシート。どこまでもまっすぐに走ろうとするスタビリティの高さ。ワインディングロードでの学習機能つきATの頭の良さ、特に下りでは目からうろこが落ちるほどだった。逆に気に入らないところは、そのATが街中ではとろくていいところがないこと。時に迷ってドーンとショックを伝えることもあった。エンジンもたいしたことはなかった。特に低速でのもっさり感はATとの相性も手伝って、いらいらすることも多かった。あとは……そう、ドライビングポジションもステアリングの角度が悪くてバスみたいだったし、ペダル類も上を向きすぎていたっけ。ボディ剛性が足りないのは、まあ、設計年次を考えるとやむをえないといったところか。

でも、それを帳消しにしてもおつりがくるくらい、個性的なデザインとアイディア満載の機能は素晴らしかった。いやいや、書いていると、これだけで何ページも書きそうになってしまうのでここらへんにしておくが、セニックのニューモデルが出ると聞けばそわそわしてしまうのは、だから当たり前だろう。

で、そそくさと借り出したのが2年前くらいだったか……。よかったらこの新しいやつにしようと心の内では狙っていたのである。ところが……。

最初の印象はよくなかった。まず、3列シートとすることで2列目のSクラス並み、がカローラ並みになった。ステアリングのパワーアシストが電動になったことでぺらぺらな安っぽい感触になった。デザインも確かにモダンにはなったのだが、志の高さは逆に下がったような気がした。僕のメンタルコンディションのせいもあったのかもしれない。３日一緒にいてもぴんと来るものがなく、結局僕はセニックをあきらめ、別の方向に行った。しかし、である。ヨーロッパの車たちはたとえ外観が何も変わらなくても日夜進化を遂げているのである。

２年経って、またしてもこのニューセニックを借り出してみることにした。だってワンボックスを考えるときにこの車を外せるわけはないもの。そして、それは正解だった。最初に感じたのは、ステアリングの安っぽかった感触がずいぶん改善されていたことだった。おお、これなら許せる、と思った。２列目のシートの狭さは変わるわけもないのだが、こちらがそれに慣れたのか、いや、初代と比べるということさえしなければ、これで充分だとも思った。そう思うと、ニューセニックはいいことばかり。まず一番に挙げたいのは動力性能の大幅アップだ。まずエンジンが軽い。スッと立ち上がって軽快に吹け上がっていく。初代と比べるとまるでウサギと亀である。ＡＴも当然進化を遂げている。多少のフランス人的な癖は残してはいるものの、ごくごく自然になった。それもワインディングロードでのスポーティな性格を損ねることなしに、である。ボディもずいぶんとよくなった。初代のガタピシ……は影を潜めた。ドイツ車のような骨太感こそないものの、たくましいボディと呼んでもいいのではないだろうか。

初代からキャリーオーバーしている美点はやはり健在だった。例えば相変わらずグラスエリアは異常に大きく開放感に富んでいるし、ピラー類も細めで死角が少ないのもいい。大きなもの入れがたくさん用意されていること、それがおしゃれなデザインのもとにきっちりと収まっていること、シートの出来のよさ、それから、それから……この必要最小限ともいえるこのボディサイズ。ＳＵＶたちはおろか、でかいワンボックスたちがばかに見えるではないか。

そう思うと、この一見おとなしそうに見える外観も、実にアバンギャルドな創造性に満ちたものに見えてくる。実際そうなんだろう。細かく見ていくと普通ではない部分がそこここで見つかる。そしてそれがすべて意味のあるデザインであることがわかる。。さすがにパトリック・ルケマンである。

結局この車を返却するころにはもう一度セニックという選択もありだな、と思うに至った。第一、こんなことを言ってはなんだけれど日本ではほとんど見る機会がないくらい売れていないらしい。日本にはこの方向のＩＱの高さを測るメジャーがないようである。まあ、だから狙い目なのであるとも言えるのだが……。

RENAULT GRAND SCENIC

プロフィール

ベースはルノーのミドルレンジを支えるメガーヌ。初代は1996年にデビューし、ヨーロッパのモノスペース・ブームに先鞭を付けた。2004年に3列／7人乗りのグランセニックとして生まれ変わったが、本国では2列／5人乗りのセニックも引き続き用意されている。プラットフォームを共用するハッチバック系同様、ステアリングアシストやパーキングブレーキは電動と今日風だが、オートマチックは4段のままでやや時代遅れ。日本に輸入される'08モデルは2.0グラスルーフ仕様1種に絞られた。

コンディション

スペック：'07MY グランセニック 2.0 グラスルーフ／4AT
全長4495×全幅1810×全高1635mm　ホイールベース2735mm　トレッド前1505／後1505mm　車重1610kg　乗車定員7名　フロント横置き前輪駆動　直列4気筒1998cc
133PS／5500rpm　191Nm／3750rpm　オートマチック4段　前マクファーソンストラット、コイル／後トーショナルビーム、コイル　前ベンチレーテッドディスク／後ソリッドディスク
ラック・アンド・ピニオン／電動アシスト　205/60R16タイア

価格／装着オプション（試乗時・消費税込み）

330万円／—

タクシー（1）

最近、都心の仕事に出るときにタクシーに乗ることが多い。渋滞が億劫というのと、その時間寝ていられるというのと、さらにいえば事故のリスクを減らせるからだ。ボーッとして前の車に追突でもしようものなら、運が悪ければ週刊誌に出る。そんなのまっぴらごめんである。ただし、タクシーに乗るリスクもある。それは運転のタイミングだ。どうしたってタクシードライバーは他人であるから、自分だったらこうする、というところでこうしてはくれない。僕は後席で手に力を入れたり足を踏ん張ったり……。結局その方が疲れる、と思うときも多い。出来るなら、そう思う前に睡眠に落ちているのがいい。そう思ってしまってはなかなか眠ることすら出来なくなるから。うとうと……となりかけたときに不意にドライバーから世間話を振られたりしない限り……。こういうときに僕は毅然と自分の意志を通すことが出来ないんだよな。どうしても気を遣ってドライバーに合わせてしまう。だってドライバーの機嫌を損なったら危険な目に合うのは自分だから。

こうして僕は毎回、都心の仕事というと究極の選択を迫られるのである。

水槽の中のジェリーフィッシュ……になった感覚

2007.11

セニックのあとにピカソを借りた。この2台を乗り比べるのは極めて定石であろう、と。サイズで比べるとピカソは10センチほど長く、2センチほど広く、そして5センチほど高い。たいした違いではない、といいたいところだが、実物を目にするとふたまわりくらい大きな印象がある。もはやセニックのような瀟洒な感じはなく、ずんぐりした海洋生物のようである。何よりもこの車のキーになるであろう部分はフロントスクリーン。外から見ると禿げ上がってきたおやじの額のようでもあり、中から見ると水族館にいるような錯覚さえ覚えるこれは、極めて挑戦的なアイテムと言える。従来のグラスサンルーフは実は後席住人の

ためのもの。前席ではルーフ前端があるために後席の半分も開放感は味わえなかった。シトロエンのデザイナーはいいところに目をつけたものである。この禿頭のおかげで前席の住人たちも新たな世界を体験できるわけだ。ここから見える世界は別世界、と呼んでもいいのではないか。時がゆっくりと感じられる。

　セニックほどモダンでないインテリアは、なんとなくまとまりに欠けるきらいはあるものの、そこここにレトロシトロエンの要素が取り入れられていて、未来なんだか過去なんだかわからなくなるところが面白い。ＤＳのオマージュのような、ステアリングコラムからたてに生えた小さなシフトレバーをＤに入れて走り出すと「ふわっ」というゆっくりとしたサスペンションの動きがなんともシトロエンらしい。これはシトロエン独自のハイドロニューマチックサスペンションなんかではないはずなのに、どういうわけだか同じような味付けができているという、シトロエン流七不思議だ。その動きは現代的なエアサスの車たちの「ふわっ」とは違って、どこか芯がありつつも、揺れを収める力をゆっくり使っているような感じ。アナログ的、ということもできる。

　エンジンも同様、力はあるのにゆったりとした印象がある。音から来る印象がそう感じさせるのかもしれない。どこかくぐもったサウンドはセニックほどドライバーを急き立てないし、そうかといって速度計に目をやると実際はイメージよりもずいぶん速かったりする。大陸系のエンジンである。これに組み合わされるＡＴはセニックと同様の４速トルコンも選べるのだが、借りた車についていた６

速の電子式セミATは、最後までセミATだと気付かないほどスムーズで、しかもパドルでアップダウンするときの感じのよさも特筆すべき点だと思った。まあ、およそ手や足が触れる部分の動きに、いい感じの「ため」があるのがピカソの特徴だといっていいだろう。

以前乗ったときには結構ロールする車だ、と思ったコーナリングマナーも、よく見てみるとたいしたことなくて、というよりも首都高をがんがん飛ばしてみても、ロール量は決して多くはなかったことがわかった。当たりが柔らかいのにその割にロールが少ない。当たり前のことながら現代の車なのである。例のたてに幅広いフロントスクリーンは、ちょっと傾いただけで大げさに傾いたように見せるから、それによる錯覚だったのかもしれない。

ピカソと暮らした数日はちょっと不思議な数日で、日常が現実離れした印象になった。なぜだかわからないけれど、このおっとりとしたムード、非日常的な風景、そしてシトロエンというイメージがもたらす独特のものがそう思わせたのだと思う。生活にしっかりとフォーカスを合わせるようなA型人間にはこの車は合わないだろうな、と思った。

CITROËN C4 PICASSO

プロフィール

セダンとは似ても似つかぬ形をしているが、その名の通りシトロエンの中核、C4のプラットフォームを流用したミニバンである。デビューはベースモデルから2年遅れの2006年。7人乗りのほか5人乗りも翌年追加された。基本ユニットを同じくするといってもそこは収容力が、つまり負荷が大幅に増したピープルムーバーとあって、リアには車高調整を司るエアサスペンションが備わったが、依然としてシトロエン独得の空気と液体によるハイドロニューマチックではない。ギアボックスは純粋な4ATもある。

コンディション

スペック：'07MY C4ピカソ 2.0 エクスクルーシブ／6AT／走行4,900km
全長4590×全幅1830×全高1685mm　ホイールベース2730mm　トレッド前1505／後1560mm　車重1630kg　乗車定員7名　フロント横置き前輪駆動　直列4気筒1997cc　143PS／6000rpm　200Nm／4000rpm　2ペダル式セミオートマチック6段　前マクファーソンストラット、コイル／後カップルドビーム、エア　前ベンチレーテッドディスク／後ソリッドディスク　ラック・アンド・ピニオン／パワーアシスト　Michelin Primacy 215/55R16タイア

価格／装着オプション（試乗時・消費税込み）

362万円／グラスパッケージ（15.5万円）＝合計377.5万円

奥様は大スター

僕くらいの世代の人たちはたいていがアメリカテレビドラマの洗礼を受けている。特に60年代は花盛りだった。ここら辺の話に花が咲くとき、たいてい出てくるのが「ルート66」「サンセット77」「サーフサイド6」あたりの探偵もの。ときたま「シャノン」を知っている人がいるとすごくうれしかった。あとはなんだろう。「ボナンザ」「ライフルマン」「ガンスモーク」「ローンレンジャー」といった西部劇もの。でも、本当をいうと僕は家族ものが好きだった。「うちのママは世界一」「パパ大好き」それから「ドビーの青春」。だいぶ後になって「奥様は魔女」が始まってあれは大ヒットした。でも、そのちょっと前か、同時くらいかに「奥様は大スター」というドラマをやっていたのを知っている人は少ないのではないか。モナ・リードと聞いて思い出す人がいるだろうか？タイトルがタイトルなだけに、あれ見てた？とは聞きにくいのである。

穏やかな深海を行くエイのような……

2006.10

Ｃ６がこれほど話題になるとは……ちょっと想像がつかなかった、というのが本音である。実際、これが業界内だけでなく、一般ユーザーにまで届いて、セールスにまで結びつくのかどうか、毎度のことながら別問題なんだろうな。

さて、Ｃ６のスタイリングについては賛否両論である。多くの評論では過去のシトロエンを引っ張り出してきて、やれ本物だの、いや薄いだのと言っている。だいたいスタイリングと言うものを論じるときには、その時代のほかの車たちの中に置いてみるべきで、それが出来ない今ではそんなことは意味がないことのように思える。Ｃ６、がんばったのではないか、というのが個人的な意見だ。

ガレージに入れてみると、鯨のようなイルカのような海の哺乳動物に見えて、しばらく時を忘れて眺めてしまった。ガレージの中のＣ６の魅力のひとつは、昔のものほどではないにせよ、低くうずくまった姿勢だろう。これはハイドロニューマチックシトロエンでないととれない姿勢なのだが、海底で息を潜めながら休息をしているように見えてなんともなまめかしい。ミステリアスである。借り出した広報車両の色がグリファルミネーターという濃いグレーで、そのぬるぬるとしたてかり具合が一役買っていたのは確かだと思うが。

割合新しいＣ４がからっと明るいイメージだったのに対して。こちらはじとっと暗い。悪い意味ではない。グラスサンルーフから差し込んでくる光が、海底に届いてくる太陽の光みたいに感じるのだ。優しく柔らかい。これは車の印象がもたらすマジックだ。車の面白さはそうやって世界にフィルターをかけてしまうところなんだと思う。特に走っているときのＣ６の室内は独特の世界観で満たされる。まず、なんといってもその揺れ方だろう。海を行くクルーザーのようなゆっくりとした動き。眩暈を起こしそうなその動きは演出によるものかどうなのかは定かではないが、現代の車にはない独特のものだ。慣れないと車酔いを起こす。それは運転をしていても、だ。ただ、その独特の動きに魅せられてしまったらもう離れられない、ということもいえる。麻薬だな。鯨のようなイルカのようなこれは、実は深海魚なのかもしれない。ゆらゆらと揺らめく海草のあいだをくねくねと縫って泳ぐ大きな深海魚だ。

　そこから想像されるとおり、ボディは骨ばった硬さではない。柔軟な、しまった筋肉を感じさせる。ときおり、路面の不整を拾うときにガツンとくるのを感じるのは相対的なもので、この緩やかな動きに対して体が慣れてしまうせいでもある。見せ場は大きなうねりを高速で乗り越えるときで、シュタッと腰を落とした姿勢で着地をするとき、他に例のない乗り味であることに気付くだろう。

　シートは見るからに分厚く、フランス車の集大成とも言えるもので、助手席に座ったら何時間も眠り続けてしまいそうだ。何時間も連続してドライブしたわけじゃないので、ドライバーが眠くなるかどうかは定かではないが、疲れていたらちょっと心配だ。ただ、ときおり自分が映画のワンシーンの中にいるように感じられたから、そういう深い満足感の中で逆に覚醒するかもしれない。

パワーユニットはこの車には絶妙に合っているように感じられた。もとをただせばずいぶん古いエンジンということになるのだけれど、アイドリング時に感じられる強めのビート感は今も昔も日本の車にはないものだ。ムードがある。そのままアクセルを踏み込むと、するっと立ち上がったかと思うと、痰がからんだようなゴロゴロという囁きを上げながら、車の重さを全く感じさせないような軽やかな加速を始める。高級サルーンかくあるべしという動きである。しかしそうはいっても所詮は3リッターV6。高速道路での追い越し加速はそれなり、ということになる。2段落としのキックダウンを試みてみても、いたずらにエンジン音が高まらないのはいいが、速度も静かに上がっていく程度だ。獰猛、という言葉はこの車のボキャブラリーにないらしい。

C4の、あの素敵な透過式メーターをなぜ採用しなかったのか、と、当初恨めしくも思えたメーターパネルは、実は非常に個性的であることがわかった。ダッシュボード中央のナビ画面を中心にシンメトリックに広がる世界は、なんだか古代の古墳のようでもあり、ジャクレイの描いたオリエンタ

ルな世界のようでもある。神秘的でおしゃれだ。

借りているあいだ、いろいろなところをドライブした。高速道路をゆったりと走ったり、ワインディングロードを飛ばしてみたり、もちろん渋滞の中も這いずり回ったりした。どういう走り方をしても、この車から発せられるテンポが変わらないところがこの車らしいところで、例えば峠道でかっ飛ばしているときも、ロールはごく少ないのに車に急かされるようなところがないのが面白かった。

乗れば乗るほど、個人的にはアウディあたりと対照的な感じがした。あのしゃっきり感に対して、まったり感とでもいったらいいのだろうか、そこをどう捕らえられるかがこの車をどう思えるかのポイントだろう。もう1ヶ月借りていたら、もう離れられなくなるかもしれない。じわじわと心の中から蝕んでいくような、いや、悪い意味じゃないけれど、そんな洗脳をしてくれるような車である。車を計る物差しはひとつではないことを教えてくれる車でもある。

ジャガーのぬめぬめした柔らかさ、レクサスＬＳの人工的な柔らかさ、メルセデスの強引なまでの柔らかさ、そういったライバルたちとの決定的な違いは湿度感かもしれない。ライバルたちが地上での生き物だとしたら、やっぱりこれは海洋動物だ。ぬるぬるしているのは当たり前なのである。

CITROËN C6

プロフィール

ID／DS→CX→XMと続いた戦後ラージシトロエンの最新作。ハイドロニューマテックの進化型であるハイドラクティブⅢプラスサスペンションを組み付けた大型FWDという文法は一貫している。2005年のデビューだが、それを遡る6年前のジュネーヴ・ショーで“C6リニャージュ”なるスタディが披露されており、事実、ディメンションが多少異なるほかはコンセプトがほぼそのまま生産化された。猫のように「頭が通れば尻尾まで」と揶揄されたDSほどではないにせよ、圧倒的なフロントのマスはそれを彷彿とさせる。

コンディション

スペック：'08MY C6エクスクルーシブ／6AT
全長4910×全幅1860×全高1465mm　ホイールベース2900mm　トレッド前1585／後1555mm　車重1820kg　乗車定員5名　フロント横置き前輪駆動　V型6気筒2946cc　215PS／6000rpm　290Nm／3750rpm　オートマチック6段　前ダブルウィッシュボーン、エア-液圧／後マルチリンク、エア-液圧　前ベンチレーテッドディスク／後ベンチレーテッドディスク　ラック・アンド・ピニオン／パワーアシスト　245/45R18タイア

価格／装着オプション（試乗時・消費税込み）

689万円／—

コンプレックスを裏返せ

東京ローカルで1年間「トリセツ」という番組をやったおかげで、どうやら僕にグルメの、というか食べ物好きの烙印がついたようだった。確かに食べ物にはある意味異常な興味がある。でも、それはストレートなものではなく反動形成的なものだ。つまり、幼少時代、人前で食べることが嫌いだったり、食べたことのないものが食べられなかったり、ちょっとした状況で食べ物がのどを通らなかったことの反動だと自分では解釈している。事実、高校生のころなんて、デートしたはいいけれど、いざ一緒にご飯を食べようといわれてレストランで何ものどを通らなかったことは今思い出しても恐怖だ。それがきっかけでその彼女とは別れる羽目になるわけだけれど、そういう結果もさらに僕を恐怖に陥れた。もっと昔を思い出してみると、小学校の給食が食べられなくて、次の授業が始まっているにもかかわらず無理やり食べさせられていた記憶があるくらいだから、子供のころからそういう要素はあったのだろう。いや、そういう要素が積み重なって食恐怖症になっていったのだろう。

　もちろん、その頃は将来反動が起こって、食にこれだけ興味を持っている自分は想像できるわけもなく、将来餓死するか、精神衰弱になっているのではないか、くらいの真剣な悩みだった。時間の積み重ねの面白さは、思いがけない未来が待っていることに尽きる。

それにしても食というのはなんともすごいものだ。生きていくうえでの基本だから当たり前としても、食べ物がのどを通るときのインパクトは何にもかえがたいものがある。舌が味をセンスし、それが信号となって脳に届き、さらに別の部分に伝播をし、何かしらの感覚を覚えるそのプロセス中に、他のものでは感じることのない、なんだろう、喜びといったら平べったすぎるし、宇宙といったら大きすぎるけれど、とにかく人間の神秘を感じるわけだから。僕としては、同じものを食べても二度と同じ味はしないというのが持論なのだが、経験が同じ味に感じさせてしまうというところも面白い。こんな話をするはずじゃなかったのになぜかこんな話になってしまった。でもこれは僕の仕事の基本でもあるから仕方ない。音楽にしても、車にしても、乱暴に言えば人間が感じるものはみな同じだと思う。もちろんその中にあって食はもっとも脳の中心に近い部分を使うという意味でもっともシンプルであり、かつダイレクトなのだけれどね。

ブルータスという雑誌で食べ物グランプリをやった。一応タイトルは「てみやげのベストはどれだ」というものだったけれど、要はテイスティングである。自分の好みの味を自分で探し出すのだ。1ジャンル16品で12ジャンル。全部で１９２品。これを４人の審査員でおよそ3時間で食べきる。もちろん一口ずつくらいしか食べられない。いや、違うな。

一口ずつでは何もわからないから、結果的に5回くらいは同じものを口に運んだ。途中で、これはマラソンだ、と思った。ものすごく苦しい時間が何回かあった。特にプリン16個食べるのは苦痛以外のなにものでもなかったし、カツサンドは食べたいのにこの後食べなきゃならないもののことを考えると我慢しなければならない苦痛だった。そんな精神的にアップダウンをする中、淡々と自分の中のメーターを自分の基準値どおりに働かせるという作業はなんともすごいことだった。これは自分が今までやった仕事の中で一番哲学を感じる仕事だったかもしれない。終了したとき、もう、魂はどこかに飛び去っていくようにも感じた。

　では自分の中でのおいしいという基準値はどこから来るのか。それはもう、生まれつきの感覚に加えて、ここまでの人生の中で学んだ美意識すべてからくるものだろう。単に味というだけでなく、色彩感覚の好み、音の好み、感動曲線の好み、そんなものがすべて味というスープの中に混ざりあって、そして伝わってくるのだと思う。時代性、というのも大きい。つまり、味にも流行があって、それも気づかぬうちに加味されているものだ。だから単純に食べ物の好き嫌いというけれど、好き嫌いを言うだけで、その人の内面をばらすようなところもあるから要注意だ。

　僕はその時点における自分の中の1位に若干の不安もあったので、その後あらためてその食品を取り寄せたり食べにいったりして確認をした。結果、その時点での判断はある意味正しくもあり、そうでないこともわかった。つまり第一印象としては正しかったが、その後の余韻を加味していくと、他のもののほうがよかった、と感じたものもあったからだ。さらにいえば、このレベルになると自分自身のコンディションにも大きく左右されることがわかった。車でいえば、硬いと感じるか、締まっていると感じるか、みたいなものだ。

また、そういう自分が面白くて、どんどん取り寄せをしていくうちにさらに面白くなってしまって、気が付いたら僕は血液検査で中性脂肪が４３０までいっていた。焦って薬で下げたのはいうまでもない。

食を突き詰めていくのは底がないだけになんとも面白い。が、体を張る仕事であるというところも確かだ。それはほかのどの仕事よりもそうかもしれない。でも、自分が1位に選んだメーカーからお礼のメールやら商品が届いたりすると、ちょっと口では言い表せないほどうれしかったのも事実だ。おいしい食べ物ってもらうとこんなにもうれしいのはなぜなんだろう。

さて、こんなふうになっている自分。昔、面と向かって何も食べられなくなっていた人間と同一人物であると彼女は信じるだろうか。

変わった格好の優しいおじさん

2007.12

おお、なんたることか、ムルティプラの輸入の中止が決まったらしい。一時的なものか、それとも永続的なものか、定かではないが好きな車がしばらく買えなくなるということだけは確かだ。さあ、どうする。どうするっていったってどうすればいいんだろう。とりあえず借りることにした。借りてどうする。うーん、借りてから考えよう。

　ということでムルティプラである。いったいいつからこの車が好きだったのか。そしてどこが……。いやいや輸入されて最初に試乗した頃から好きだったかもしれない。ショックを受けたのは何にも似ていないところ、だろうか。コンセプトからデザインから、何から何まで、ここまで個性的な車は少ないだろう。いったいどこにこんな車をリリースする勇気があるのだろう。フィアットはいったい何を考えておるんじゃ。

　さてこのムルティプラ、大昔のムルティプラのことはさておいて、マイナーチェンジ前はかなり面白い顔をしていた。特にヘッドライトの位置は異常ともいえた。さすがにこれはイタリアでも受けなかったらしい。残念だ。マイナーチェンジで一般的な顔に直されたとはいえ、それでもやっぱり面白い格好はしている。ユーモラスだ。ユーモラスなスタイルは街中で周りを和ませるからこれだけで偉いと思う。自身もあまり嫌がらせを受けないだろうから、そういう意味でも安全だとさえ言える。さて、ディテールを言葉で説明しようとすると、すべてに説明が必要になってしまってどうにもならないので、必要最小限にとどめようと思う。本当、ドアノブの形から始まって……もう何から何まで個性的なんだから……。生まれて初めてこのムルティプラに触れたときは、3人が横に座れる全幅が異様に幅広く感じたものだが、実際にうちに持ってきてみると実はそんなに幅広でもなく、むしろ全長の短さが目立つことがわかった。真上から見ると正方形に近い、ということになるのだろうか。乗り込むと、少し高めのフロア、低めのシート、頭上の余裕が少ない、というのはベンツのA、Bクラスに近い。しかし、眺めはうんと違う。例の横3人がけのシート、腰の近くまで大きく開いたグラスエリア、アートと呼ぶべきなのか、プラスチックの悪夢と呼ぶべきなのか分からなくなるような個性的なダッシュボードなどが、とにかく特殊な車に乗っているという実感を一時も忘れさせないのである。これだけで日常が変わる気がする。

　それでは操作感覚もずいぶん異常なものか、と思えば、それは全然普通だ。クラッチも軽いし、つながりもスムーズだ。エンジンも下のほうでトルクがあってエ

ンストの心配は少ない。不思議な位置から生えているシフトレバーに手を伸ばすときだけ、しばらく違和感があるかもしれないが、半日で慣れるだろう。それよりも感銘を受けたのはエンジンだ。というよりもギア比も含めたドライブトレーンだ。このセッティングはまさに街乗りを徹底的に考えたセッティングと思われる。トップエンドのパワーは期待しないでください……それよりも街中ではミズスマシのように軽やかに走れます……といっているようだ。実に軽やかに交通をリードできる加速を持ち、トルクもたっぷりある。痛痒を感じるのは１２０キロくらいからの追い越し加速くらいのもので、それも中低速での軽やかさがあまりにもあるから期待してしまうと……ということなのだろう。誤解を覚悟で言うならばディーゼルエンジンのような使いやすさだ、ともいえる。フィアット、やるねえ。

　そんなわけで運転していると妙に大人になったような気分になる。訳知りな感じといってもいい。何よりも街中でライバルがいない、というのは実にすがすがしい。それが２００万円台後半で買える、というところが知的だ。ただし、このクラスのラテン車の常で、高級な乗り心地を期待してはいけない。ボディはそれなりの硬さでしかないし、サスペンションが高級な動きをするわけでもない。60扁平の肉厚タイアは路面のアンジュレーションの角を丸めてはくれるものの、それだけである。助手席に乗った人間は硬いというかもしれない。いやいやドイツ車に乗りなれている人間は頼りないというかもしれない。どちらにせよ、いい乗り心地だ、というのは僕を含めた変わった業界人だけかもしれない。そう、いい乗り心地なんである。ボディがフラットに保たれる、という意味ではね。

長く運転していると、シートの座面がちょっと小さいかな、と思った。前後に短いのは、この全長で6人を乗せようとすると仕方のないことなのかもしれない。シートの脇を探ってみると電動スイッチがあるので押してみたら……なんとそれはシート高調整のスイッチであった。スライド、リクラインは手動、シート高は電動。ちょっと面白い。というよりも、これは理にかなっていると思った。

まあ、それにしても飽きない車である。余韻まで個性的だ。何度も言うようだが、一番の美点は街中での使いやすさに尽きると思う。このサイズのものが、これだけ気楽に街に乗り出していけるのは奇跡かもしれない。そうか……こんないいものが日本ではだめだったのね……。そう思うと、俄然物欲がふつふつと湧いてくる。うちにあったらいいだろうなあ。でもこの車を買う用途は何？　と聞かれると困ってしまう。だって、あまり人を乗せるということはないから。意味ないだろう、と言われればそれまでだ。

FIAT MULTIPLA

プロフィール

1955年から69年までの長きに亘って生産された初代ムルティプラはフィアット600ベースの2名×3列配置リアエンジン車。現代のムルティプラははるかに大きなボディを持つ3名×2列のFWD車と成り立ちはまるで異なるが、斬新なアイデアとオリジナリティ溢れるスタイリングで独自の境地を拓いたのは両者に共通する。現行車は98年のデビュー以来10年になるが、賛否が分かれたフロントデザインの改変は2005年になってからと意外なほど頑張った。取材時点の07年末で残るは在庫分新車のみ。

コンディション

スペック：'07MY ムルティプラ ELX-プラス／5MT／走行5,000km
全長4095×全幅1875×全高1680mm　ホイールベース2665mm　トレッド前1510／後1510mm　車重1410kg　乗車定員6名　フロント横置き前輪駆動　直列4気筒1596cc　103PS／5750rpm　145Nm／4000rpm　マニュアル5段　前マクファーソンストラット、コイル／後トレーリングアーム、コイル　前ベンチレーテッドディスク／後ドラム　ラック・アンド・ピニオン／パワーアシスト　Firestone Firehawk 700 195/60R15 88Hタイア

価格／装着オプション（試乗時・消費税込み）

288万円／—

よく考えてから買いたい

2007.12

さて、もう1台なくなってしまう大事な車がある。ルノー・カングーである。とはいっても、こっちは売れないから撤退、というわけではなく、ニューモデルに入れ替わるのだ。じゃあ、新しいのをやれよ、と言われそうだが、東京モーターショーでニューモデルを観察したところによると、今度のはずいぶん大きいのである。つまり、コンパクトカーとしてのカングーの魅力は半減したのではないか……と想像される。それでも商用車的にはスペースユーティリティが大きいほどいい、ということなんだろう。まあ、とにかく、この旧型カングーは何回乗ってもいい車だった。現にルノーとしては異例に売れているし、人気も高い。わかっている人が多い、ということだな。ニューモデルを前に、旧型を求める人が結構いるという話も聞いた。で、慌てて僕も……。

さあて、カングーをうちに持ってくると、これが想像通り。このスタイルのクラシックさがなんともいい雰囲気だ。つまり、フランスのどこか田舎の別荘地、みたいな雰囲気になる。もちろん、これは個人的な偏見だ。隣りに僕自身のプジョー１００７を並べると、モダン対クラシック、さて、どっちがフランス的なんだろう、と考えてしまう。いや、両方あってもいいかな、というのが正直なところ。こんなことを言っているからフランス車偏愛、なんて言われてしまうのだな。カングーのクラシックらしさは質素さ、と訳してもいいほど、すべてが質素だ。ムルティプラのインテリアがプラスチックの悪夢だとすると、こっちは鉄板むき出しではあるものの、存在感がまるでないところがいい。正直、これをいいとする感覚は一般にはなかなか理解しがたいものなんだろうなあ。

　カングーで圧巻なのがシートに腰を下ろしたときの頭上の余裕だ。ドライバーが子供を肩車しながら運転できるくらいのスペースがまじにある。そして天井のいたるところに物入れがある。当然、商用車として考えられたものだろうが、僕たちはこれを何に使ったらいいんだろうか……。俄かオーナーには全く想像ができなかった。フランス車によくある普通の普通のシートは、それでも国産車のベーシックカーよりもよく出来ている。これはいつまで経っても謎だ。お金をかけているとも思えないのにぴったりとくるのである。だから、エンジンをかける前から、これから始まるドライブが快適になるであろうことは容易に想像がついた。

　普通にキーをまわすと、当然のことながらエンジンは普通に目覚める。別段、特にうるさいわけじゃないけれど、どこか力強い鼓動と音を伝えてくるのが外人である。骨太なエンジンである。

　そうそう、ステアリングの調整機能はなし。一瞬不安になるが大丈夫。最近のフランス人は普通のポジションで運転するらしい。シートをあわせてシフトをDに入れるとちょっと強めのクリープがこれまた男らしい。ムルティプラの1・6リッターエンジンにも感動したが、こっちの1・6リッターエンジンも負けてないどころか、力強さではさらに上手である。ちょっと前まで所有していた旧ル

ノー・セニックの2リッターエンジンが、本当は1・2の間違いじゃなかったのか、と思わせるくらい全然力強い。そのセニックと共通のはずの学習機能つきＡＴも、これまたものすごく自然でくやしい。やわな感じが消えている。これが進歩というものだな……と思うと、本当に車っていつ買ったらいいんだろう、とつくづく考えてしまった。

さて、カングーはベーシックカー。所詮は安物だからそれ以上のものは期待してはいけない。借りた車はどこかダッシュボードからギーギーという分かりやすい音が出ていた。すぐに治まりそうな音だが、すぐにまた出そうな音でもある。オーナーはドライバー片手にちゃっちゃと直す癖がつくんだろうな。乗り心地も実に素朴な乗り心地。と書くと、どの程度の素朴さを想像されるんだろう。ふと不安になる。僕は素朴だが天才的な乗り心地、としたい。素朴なのに揺れない。いや違う。無駄な揺れ残りがない、としておこう。ボディは終始フラット。実に安定感がある。絶対に国産ベーシックカーにはない安定感である。その感覚を助けているのがステアリング。切れば切るほどに抵抗がぐっと増していくこのステアリングは、もちろん路面状況を隠すことなく、素直に伝えてくるわけだが、まるで路面に張り付いたみたいな感覚をも与えてくれる。そう、ルノー車のひとつの特徴はこのぺったり感だな、と思う。今流行の「曲がる」ハンドリングと対極とも思える「曲がらない」感覚は、ドライバーの心理を楽にさせるはずだ。第一、それはあくまでも感覚であって、峠道でもめっぽう速いのである。こんな背高のっぽが峠をかっとんで行く様は、傍から見ていたら異常かもしれない。でもドライバーはいたって普通。あてずっぽうで飛ばす感覚はまるでない。欲を言えばほんの少しだけステアリングがクイックになるとさらにいいが……。

　おっと、そんなことが言いたいんじゃなかった。ムルティプラ同様、この車が最大の魅力を発揮するのは街乗りである。エンジンの力の出方もムルティプラ同様、トップエンドではなくいわゆる「よく使うあたり」であるし、ムルティプラ以上によく見渡せる視界によって、精神的にはどんなに渋滞しても楽だった。

　さて、このように全方位死角のないこの車。こんな車が１００万円台で買えると聞けば、やっぱり心も動く。しかし、購入するに当たって難点がないわけじゃない。その第一は目立つこと。この車を借りているあいだ、僕を見た、と何度か言われた。たった３日間だ。本当かよ、とも思うが、確かに借りた車の黄色という色のせいもあるだろうが、やはり個性的な形はどこか業界っぽいといえなくもない。気取ったデザイナーとかミュージシャンとかね……。それはちょっといやだなあ、と思う。さらにいえば、こんな形の車を買うんだから、それなりにちゃんと荷物を積み込んで使うような生活を持っていないとかっこ悪いだろう。一体何を積み込むんだい？　と聞かれても、返答には困るのである。

RENAULT KANGOO

プロフィール

乗用車の前半分と商用車の後ろ半分を委細構わずドッキングさせて独得のフォルムを形作ったのがフランス伝統のフルゴネット。その代表格だった（シュペールサンク・ベースの）エクスプレスを継いで1997年にデビューしたのがカングーだから、すでに10年以上の長寿を誇る。以前は小口配達用のバンが主たる用途だったが、現在はハイトセダンの極みとして重宝される完全な乗用車だ。日本でもアクセサリーの違いで3グレードが用意され、それぞれでATとMTが選べる。最廉価のオーセンティック／5MTは185万円。

コンディション

スペック：'07MY カングー1.6 “カラード”／4AT／走行10,000km
全長4035×全幅1675×全高1810mm　ホイールベース2600mm　トレッド前1405／後1410mm　車重1200kg　乗車定員5名　フロント横置き前輪駆動　直列4気筒1598cc　95PS／5000rpm　148Nm／3750rpm　オートマチック4段　前マクファーソンストラット、コイル／後トレーリングアーム、トーションバー　前ベンチレーテッドディスク／後ソリッドディスク　ラック・アンド・ピニオン／パワーアシスト　Continental EcoContact EP Spart Kraftstoff 175/65R14 84Tタイア

価格／装着オプション（試乗時・消費税込み）

218万円／—

コレステロール

またまた血液検査をしたら今度はコレステロール値が２８８あった。これってすごいの？　と人に聞いたらすごいという。どのくらいすごいのかといえば、かなりすごいらしい。僕が知っている限り、美食家でかなりひどいはずのK山K堂氏でさえ２４０であるという。しかも僕の場合、善玉のほうは50もないことが判明。これはいよいよやばいということになり、薬で行くか食事で行くか、と医師に迫られた。食事制限に自信がなければ薬、というわけである。で、僕は迷わず食事、ということにしたのだが、これがまた無謀であった。僕は自分のことを知らな過ぎるらしい。油断ち、という計画は3日で泡と消え、牛断ち（いわゆる乳製品であるが）、これも1週間もたなかった。腹8分目計画は1ヶ月くらい続けたが、体重が全く落ちないことに落胆し、元に戻りつつある。いまや残っているのは出来るだけ毎日ウォーキングをする、ということだけだけれど、花粉と戦うのが辛くなりつつある。ということですべて全滅しそうな勢いだ。ゆり戻しが怖い。となると薬、ということになるけれど、なんだかなあ。コレステロールの薬を飲んでいます、なんていうとただのじじいみたいに見えるもんなあ……。

値段はずいぶん高くなったけれど……

2005.7

車のデザインについて、思うことは人それぞれだ。いいという人もいれば、かっこ悪いという人もいる。興味の持ち方によっても映り方はかわってくる。ただ、時代を流れているある種のメインストリームというのはあると思う。時代時代によって音楽に、ファッションに何らかの流行があるのと同じように、車のデザインにもある。それは意識的になされている気もするし、そうでない気もする。

では今現在の車のデザインのメインストリームというか、ひそかに流れている本流とは何か、といわれると、一言で説明するのは難しいけれど、ネオクラシックというか、どこか昔の何かを連想させるような、装飾的なイメージの強いデザインなのではないだろうか。

そうはいっても、いっせいに全部の車がそっちをむいてしまうようなことがないのも「今」である。デザインにしか車はアイデンティティが持てなくなってきているからだ、という人もいる。そうかもしれない。いずれにしても車に求める最大のものは何だ？ ときかれて、最近では「デザインかも……」と答えるようにしている。

さて、そんな中、ディスカバリー3はここのところ、僕が最も好感を持って受け止めているデザインの車のひとつだ。なぜなら、今のメインストリームとはちょっと離れた独創的な路線にいること。

クリーンでシンプルに見えるラインが古いのではなく未来を向いていること。そのライン一つ一つが機能的で説得力があること。そして、そのラインの描き方がどうみても先代のディスカバリーをちゃんと連想させてくれるということ。これだけの条件を満たせるデザインってこの車を除いたら現在皆無なんじゃないだろうか、とすら思う。さらに、このデザインアイデンティティはしっかりとインテリアの中まで貫かれており、それこそダッシュボードの切り取り方、センターコンソールのアングル、その全てがしっかりとエクステリアとつながっている。質感までだ。一点の演出も無駄もなく僕には映る。こんなのちょっとないぜ、と思う。洗練の極み。この種の車にそんなものはいらない、と言う人がいるかもしれないけれど、それが時代というものだ。シルバーにペイントされたディスカバリーなどは月からやってきた未来の車なんじゃないか、と思わずにはいられない。

　というわけでまたまた借りてきたのである。出たばかりの２００５年に箱根でちょっとだけ乗って、フランス車のようなソフトさばかりが印象に残ったこの車、それは大きな間違いであることが今回わかった。まあ、それはあとで書こう。

　ディスカバリーのドアノブは実にがっちりとしており、そしてスムーズだ。重量感があるのに軽いのだ。理想だな。これだけでこの車がいかに丁寧に作られているかがよくわかる。少しだけよじ登るように運転席に着くと、先ほどいったようにインテリアはすごく自然に、しかし新鮮なデザインで目の前に来る。それは控えめで、何よりも見晴らしを遮らないのがいい。それより何よりシートがよかった。シートにも個人的に合う合わないがあるけれど、僕の中でいまのところベストシートのひとつだ。欲しいところが硬く、欲しいところが柔らかく、全体の大きさもぴったりで、とにかく地面から根が生えているようにがっちりと組みつけられている。いつまでも新鮮な気持ちで座っていられた。ついでにいえば、新車時のにおいはとてもいい。購入者を深い満足感に包むだろうな。

さて、キーをひねってエンジンをかけると、昔よりは少なくなったものの一瞬Ｖ８エンジンがボディを微かに揺らす。しかしその後は実に静かにするするとアイドリングをする。この振動の少なさがモデルチェンジ後のひとつのハイライトかなあ、と思う。ボタン式のパーキングブレーキをリリースして道路に一歩踏み出したとき「おっ」と思った。このワイルドなパターンのタイアとは信じがたいほど、ピレリのスコーピオンゼロは踏面が柔らかなのである、そして静かだ。もちろんタイアのせいだけではない。ブッシュやらサスペンションやら、さらにはボディ全体の共同作業なのだが、それはまさにジャガーマジックにも似た魔法だと思った。いや、このタイアのことを考えるとそれ以上だ。

アクセルをほんの数センチ踏んだだけでは2速発進をするこれは、実にスムーズに速度を上げるのだけれど、ちょっと流れに乗りたいな、と思ってさらに数センチ踏み込むと1速に落ちて、鎌首を持ち上げるような加速をして驚かせる。その中間はないものか、といろいろ探してみたけれど結局それが出来にくく、毎回信号グランプリをしているみたいに思われるのはちょっといやだった。それ以外でのシーンではジャガー製４・４リッターエンジンはなかなか男性的な味わいで、野太いトルクとしかし繊細なフィーリングを併せ持っていた。天才型ではないけれどただの縁の下の力持ちでもない。陸上で言うならばスプリント選手と長距離選手のちょうど中間くらい。８００メーター走の選手くらいだろうか。だからかなり速いといっていいだろう。

加減速ではボディが一瞬離陸着陸するようなエアサスペンション独特の動きで、これは好き好きだろうなあと思ったが、少なくとも乗り物に弱い子供はすぐに酔うだろう。この動きをさらによく観察してみると、上屋とシャシーの動きにずいぶんと違う動きが感じられる。柔らかいサスペンションがよく動き、コーナーではアンチロール機能がロールをよく抑えているものの、室内はふわりふわりと大海原を行く客船のよう……といったらいいのだろうか。悪く言えば昔のエアサスペンションのバスだ。重厚といえば重厚だし、不自然といえば不自然だ。三半規管がやられる。

ただ、峠道を走行中、ベンツの旧Mクラスの若いドライバーにあおられて、ちょっと飛ばしてみたら、ハンドリングはさすがに新しく、コーナーごとに離していくことができた。外観からは信じられないだろうが本当だ。

　この車から始まったダイアル式のテレイン・レスポンス・コントロールはこの車の素性をよく物語っている。まだこれを試す機会はないのだけれど、きっとかなりの効力を発揮するに違いない。ちなみに悪いこととは知りつつ、舗装路面でちょっとだけ試してみたら、デフロックの働き方やら車高、シフトタイミングまでかなりドラスティックに変わっていくことがわかった。このノッチの荒さにも経験が生かされているように思った。経験のないメーカーだったらもう少し細かく、調整幅も少なかったに違いない。

　そんなわけで3日間ほど借りたにもかかわらず、この車についてわかったことはほんの少しだけである。雪の降る山にこもって毎日のように道具としてこき使ってみたいものだ。しかし、それをイメージすると、それには電子デバイスが多くて複雑すぎるような気もした。やはり、極限に近いところではシンプルな構造であることが何よりも心強いものだ。ディフェンダーが生産中止にならない本当の理由はどうもここら辺にある気がしてならない。

LAND ROVER DISCOVERY 3

プロフィール

第3世代に移行したレンジローバーの後を受け、2004年のニューヨーク・ショーでデビュー。モノコックとSUVならではのセパレートフレームを融合させたインテグレイテッドボディフレーム構造をはじめとして、選択可能な5つの地形モードに応じてトラクションを最大化するテレイン・レスポンス・システムなどにより、オン／オフ問わず基本性能が大幅に向上した。モデルチェンジ直後のレンジローバーと異なり、最初からジャガー製が積まれるV8エンジンもそのひとつ。

コンディション

スペック：'06MY ディスカバリー3 HSE／6AT
全長4850×全幅1920×全高1890mm　ホイールベース2885mm　トレッド前1605／後1610mm　車重2570kg　乗車定員7名　フロント縦置き4輪駆動　V型8気筒4393cc　299PS／5500rpm　425Nm／4000rpm　オートマチック6段トランスファー付き　前ダブルウィッシュボーン、エア／後ダブルウィッシュボーン、エア、電子制御クロスリンク式　前ベンチレーテッドディスク／後ベンチレーテッドディスク　ラック・アンド・ピニオン／パワーアシスト　255/60R18タイア

価格／装着オプション（試乗時・消費税込み）

759万円／—

車を洗う

何年か前に出した本のなかで僕が車を洗うこだわりについて語っている。今読み返してみると「なんだかな〜」って思う。今はガレージがしっかりしたので昔ほど頻繁に車を洗わなくなった。洗うのは雨の中を何日も走り回ったあとであるとか、スキー場に行って帰ってきたときとか、まあその程度だ。それでも充分以上に僕の車はきれいだと思う。昔の本では「ママレモン」が必須と書いてある。僕の心の中は今でもママレモンだ。しかし、ご存知のようにママレモンはもうない。その代わりに最近使っているのはいわゆるカー用品屋で売っているシャンプー。ちょっと割高なのが気に入らないが、背に腹はかえられない。メーカーは何でもいい、というところが昔と違うところだ。全然こだわりなんてないじゃん。

車が冷えているのを確認してホースで水をかける。雪道でものすごく汚れている場合はケルヒャーの出番だ。ケルヒャーとは高圧で汚れを落とす素晴らしいマシンだ。ちなみに通販でも3万円くらいで買える。ただしホイールをやるときには要注意だ。高圧でいくぶん、高圧ではねかえってくる。ずぶ濡れにならないよう気をつけることが大事だ。これらをひととおりやったら、洗面器に水を張り、シャンプーをひとたらし。大き目のスポンジで柔らかくボディを洗っていく。全部終わったら再び水で流して、ここからはテイジンの「あっちこっちフキン」の出番である。こいつが水の拭き取りには一番いい。きれいに水分が拭き取れたら、今度はグリオッツのスピードシャイン。これまたグリオッツの柔らかいクロスでボディに伸ばしていく。最後はマイクロクロス、という……どこのだかわからなくて申し訳ないが……さらにきめ細やかで柔らかいクロスで拭き取って終わり、というわけ。あれ？　こだわりは昔ほどなくなった、と書こうとしたのになんだか様子が変だな……。

兄貴よりいい……ただし二人以下で使うなら

2006.1

このスポーツの前にまずはレンジローバー本体の話からしなくちゃいけないな。レンジローバー、なんでこんなにメジャーな存在になっちまったんだよ、ばかやろう、という気持ちがある。余計なお世話だ、とメーカーには言われそうだけれど、この車はひっそりと愛好家たちのものだけでいて欲しかった、と思うのは僕だけではないはずだ。70年代、本当に特殊な存在の車として生まれ、80年代に至っても、まだ世間の垢にまみれていない稀有の存在だったのだから。とはいえ正規輸入が始まり、気がついたら芸能人やらスポーツ選手、挙句の果てにはうちに来るエンジニアまでもが買っている。動機はわからないでもない。四駆のロールス・ロイスと言われれば、そしてそれがロールス・ロイスの5分の1の値段で買えるとなれば当然だったのかもしれない。

いや、頭の中ではわかっているのだ。昔とは時代も違う。環境も違う。だいいち車も違う。生産を中止したクラシックカーならともかく、現行車両がそれなりの環境に対応していくのは至極当たり前のことだ。だから2代目、3代目と単純に豪華になっていったのは仕方ないだろう。それも生き残るためだったのだと思う。そしてついにランドローバーはスポーツという名の、今最も旬というか、流行の中心というか、時代の落とし子のような車を登場させてしまった。時代を超越したところにあったメーカーが……。

ま、そういう思いを持ちながらレンジローバー・スポーツを借りたのであった。これ、3代目レンジローバーより多少小さいものの、２・６トン近くある。ということはむしろ重いということだ。筋肉の塊のようなレンジローバーということか。

3代目レンジローバーといい、ディスカバリー3といい、ここのところのレンジローバーはシルバーなどの寒色系が多くリストアップされているし、実際それを前面に押し出してプロモーションしている。借りたスポーツ・スーパーチャージドもシルバーであった。悔しいことにこれがなかなか似合っていた。人目さえ気にしなければ、うちのガレージの前においてしばらく遠くから眺めていたいところだ。20インチホイールがなんだかデザインの中に溶け込んでいて新しい。クラシックベースなのに新しいというところはディスカバリー3に共通するポイントだ。今のランドローバーのデザイナーはたいしたもんだ、と改めて思う。アーティスティックだ。そういえばちょっとだけアンディ・ウォーホールに似た人だったっけ。

さて、ということでリモコンキーでロックを解除し、乗り込もうとしたとき、ドアノブがディスカバリー3のそれと酷似していることを発見。操作感もそっくりだから、きっと同じものの使いまわしだろう……なんて適当なことをいってはいけないな……。しかし、乗り込んでみると例えばグローブボックス周りとかいたるところにディスカバリー3との共通部品が目に付いた。少しだけ複雑な思いがしないでもないが、まあ、両者を比べる人なんてそうはいないだろうから、これはこれでいいことにしよう。ディスカバリー3がグレードアップしたのだ、と思えば何の問題もないのだから。

　乗り込んでのディスカバリーとの決定的な違いは空間の違い、ということになるのだろうか。背の高い車のくせに天井に頭がつきそうになるのは初代レンジローバーからの伝統だ。初代ではグラスエリアも縦方向に広かったから、腰の辺りまで見えてしまうのでは、なんて思ったものだけれど、モデルチェンジをするごとにグラスエリアは狭まって、もはやこれは普通になってしまった。これでもコマンドポジションなのだろうか。それと、ディスカバリーに比べると、決定的に足元というか腰周りがタイトだ。それだけセンターコンソールがでかいってことだ。

　シートはやはりとてもいい。とっかえひっかえ比べてないからなんともいえないけれど、ディスカバリーとほぼ同じ、ということは僕にとってはものすごく具合のいいシートだ。その他いろいろなところが共通でも、上屋の作り方でこれだけ雰囲気が変わるんだから、車のデザインって面白い。この車ではディスカバリーで感じられたピースフルな世界というより、むしろ戦闘的な気分にさせられた。ちょっと危ない。

　しかし、タイトな空間とは裏腹にペダル周りは広がった。どうも今までのレンジローバーファミリーは足元が天地方向に狭く、ペダルの踏み換え時にコンソールの下端に足をぶつけていたものだが、これは違う。しっかり足を奥まで差し込んでペダルが操作できる。

とまあ、こんなところで走り出すと、ディスカバリーのような魔法の足元はさすがにないものの、想像をはるかに超えたマナーのよさである。20インチタイアですよ。普通もっとどたばたするでしょう。それがほぼない。ドシンともバタンともいわない。するっと走り出すのである。スコーピオンゼロもよかったけれど、このコンチネンタルの４×４スポーツコンタクトもいい。すばらしくいい。

想像通り、硬めの乗り心地ではあるけれど、いや、これをして硬いというのは間違いかもしれない。ふわふわしていないだけで、当たりはむしろ柔らかだ。しっかりしている、といったほうがいいかもしれない。がっちりしたボディにしっかりした足回り。不思議なものでそういう乗り心地だと車は小さく感じられる。狭いという意味ではなく、取り回しが楽に感じるのである。

エンジンは４・２リッターにスーパーチャージャー。３９０馬力と数字だけ見ればかなりのものだが、車の重さを考えれば乗用車でいうところの２８０馬力くらいなんだろうか。ほんの少しだけアメリカンな「ボボボボッ」という排気音をさせながらこのジャガーエンジンは重厚に、しかし決して重々しくはなく吹けあがる。不思議だったのは、オートマチックが変速比も含めてディスカバリーと全く同じにもかかわらず、これは1速に入れ替わってドッカーンと加速することなく、ちゃんとマナーよく柔らかく、しかし交通をリードするように立ち上がっていけることだ。スーパーチャージャー分のトルクが太く、したがってコンピューターのプログラミングがむやみにシフトダウンしないようになっているのだろう。まあこういうことはほかの車でもよくあることだ。パワーのあるエンジンはこういう普通の使い方をするときにこそメリットが大きい。

もちろん、アクセルを床まで踏みつけるとさすがに３９０馬力の加速が待っている。これはなかなかのものだ。それまではなりを潜めていたスーパーチャージャーがギュイーンという鳴き声をあげながらレンジローバーを引っ張りあげる。さすがにターボのような2次曲線的ではないものの、力強さでは一枚上手だ。もう１００馬力あればジャンボ機の離陸になるところだろうな。気をつけないといけないのはこの時のスピード感のなさだろうか。ディスカバリーが１００キロ時に１００キロと正確に意識させられたのに対して、こっちは１００キロに感じたら１４０キロは出ていると思ったほうがいい。このスピード感のなさはひとえに、車がまっすぐ、しっかりと、そしてぴったりと路面に張り付いて走るからに他ならない。実を言えばこの動きにものすごく感動した。初代、2代目は言うに及ばず、兄貴分ともいえる3代目よりも進化している。上屋の動きが抑えられている分、揺れが少ない。もう背の低い普通のスポーツセダン程度なのである。これも今までのレンジローバーでは考えられないことだろう。ステアリングを右へ左へ切っても限りなくスポーツセダンだ。長距離はさぞかし楽に違いない。

ということで高速道路では右側車線を走りっぱなし。遅い車の列につかまってはスローダウンし、前が空けばいくらでも速く走れる、といった具合。しかし、追い越しレーンを遅い遅い車1台にブロックされてパッシングをしたときに不意に急ブレーキを踏まれてはっと思った。ミラーに映るレンジローバー・スポーツの迫力というか、威圧感はきっと相当なものに違いない、と。高速道路で嫌がらせの急ブレーキなんてとんでもないやつだ、と思う前にこういうことに気付くべきだった。要注意である。

さて、そんなわけで僕はすっかりレンジローバー・スポーツに参ってしまった。これが1台あればかなりのオールラウンダーになる。それもスーパーオールラウンダーだ。もちろん欠点は探せばある。例えば後席は結構がっかりするくらい狭いし、大きなシートバックにさえぎられて閉所感さえある。相変わらず装備のせいで電気を食いそうなところも少し心配だ。燃費もメーターを見る限りたいしたことはないだろう。それでも僕にはこれ以上理想的なSUVはないと思う。内心では本気で欲しいと思う。僕を踏みとどまらせている一番の要因は、それがレンジローバーであるということだけなのである。ブランドイメージが悪い。こういう風に思ってしまう僕って変なのだろうか？

LAND ROVER RANGE ROVER SPORT

プロフィール

このクルマの成り立ちは少々複雑だ。レンジローバーを名乗り、特徴的なスロープトバック以外は見た目も似ているが、内容的にはより設計年次の新しいディスカバリー3をベースにしている。デビューは2005年のジュネーヴ・ショー。オンロードでの敏捷性を確保するためホイールベースが140mm短縮されるとともに、コーナリングフォースを察知してボディコントロールとハンドリング性能を最適化するシステムが新開発され、スーパーチャージドに標準で装着された。

コンディション

スペック：’06MY スポーツ・スーパーチャージド／6AT
全長4795×全幅1930×全高1810mm　ホイールベース2745mm　トレッド前1605／後1610mm　車重2590kg　乗車定員5名　フロント縦置き4輪駆動　V型8気筒4196ccスーパーチャージャー付き　390PS／5750rpm　550Nm／3500rpm　オートマチック6段トランスファー　前ダブルウィッシュボーン、エア／後ダブルウィッシュボーン、エア／電子制御クロスリンク式　前ベンチレーテッドディスク／後ベンチレーテッドディスク　ラック・アンド・ピニオン／パワーアシスト　275/40R20タイア

価格／装着オプション（試乗時・消費税込み）

1090万円／—

他人の前でスウィングはしない

三重県のほうにとあるリゾート施設がある。ただのビジターなら見逃してしまいそうな看板にしたがって登っていくと、そこはなかなかすごい施設なのである。まず18ホールの立派なゴルフ場。ナイター設備完備のテニスコートが6面。大きな室内温水プール。立派なホテル。カジュアルな宿泊施設。大きな劇場。小さな劇場。温泉。そのほかなかなか楽しめる設備がいっぱい。なのに人はあまりいない。バブルのころに作られたというこの施設は、バブルの崩壊と共に半ば開店休業状態のようでもある。でも正確に言うならば休業はしていない。ゴルフ場はちゃんとオープンしているし、ホテルに泊まるお客もいることはいる。ただ、その人数が少ない、ということだけだ。この施設を半ば象徴しているのが、大きい劇場隣にある巨大なビルだ。8階建てのそれは現状のホテルよりもさらに大きく、最上階は国際的なコンベンションセンターになるはずであったらしい。しかし、工事は内装にたどり着く前に中断され、そのまま放置され、今は肝試しが出来るような幽霊ビルになっている。

そう、この施設が出来たころは劇場もラスベガスからショーを招致し、何ヶ月間も公演をしたらしい。楽屋跡にはそのころと思わしき外国人の名札が斜めになって揺れている。男性出演者、女性出演者、なんて書いてあるところをみると、それなりに大きなショーだったことが想像が付く。でも今は誰も使わない。なぜだか知らないけれど、そういうニーズがないだけの話らしい。まあ、ここまで見に来れたのは地元近辺の人たちくらいものだろうから仕方ないだろう。そういえば、ここで主にすれ違う人たちは温泉利用のおじいちゃん、おばあちゃんばかりだ。

いつからか、われわれはコンサートの照明デザインを作るためにしばしばこの施設を借りている。照明だけではない。シンクロナイズドスイミングの練習をするためにプールも借りる。もちろん、何もいわなくても（本当は言っているのだけれど）貸切状態だからそれはもう楽しい。貸切という感覚がこうもリッチなものだなんて、マイケル・ジャクソンくらいしか知らないだろう。われわれはこの広い施設の中をゴルフカートで移動する。ほとんど人のいない広大な敷地をゴルフカートを全開で走らせていると、地球の上に自分たちだけしかいないような変な感覚に陥る。夜だったらなおさらだ。空が止まっているように感じる。星空は抜けるようにきれいで、空気は澄み切っている。ただ、夕方ごろから、なぜか家畜の匂いが漂ってくる。なぜかいつも決まった時間から始まるのが謎である。敷地の上のほうに農家があるという説や、動物を使った宗教がある、という説もあるが誰も知らない。確かに農家だけだったら決まった時間にしか匂いが届いてこないというのはおかしい。

でもこののどかな匂いまで含めて、この場所は素敵だ。僕は大好きだ。三重県と聞くとわくわくする。最初は1日、2日、といった程度の滞在だったものが少しずつ増えて、最近では1週間近くいることだってある。ではここにいるときには何をしているのかといえば、もちろん、仕事はする。照明？　照明プランナーがやるからチェックだけだ。シンクロ？　振り付け師がやるからチェックだけ。ついでにダンスをやる際もチェックだけ。1日のうち最大で2時間もやれば僕の仕事は終わりだ。

で、問題は残りの時間。最初のころはテニスをしていた。テニスなら、呼び出されてもすぐに行ける。少しの時間でも結構な運動量になる。しかしテニスには相手がいる。相手がうまくないやつだと、これほどつまらないものはない。最悪だ。ということで、ある時期からゴルフに転向した。

ゴルフ……実のことを言えば僕の祖父はゴルフ場建設、経営の結構草分け的な存在であった。そんなこともあって僕は小学校からクラブを握り始め、中学1年のときに茅ヶ崎のゴルフ場で41、42というスコアを出した。まあ、これが今だに僕のベストスコアである。叔父が僕の先生でもあった。当時のゴルフ事情といえば、今とはぜんぜん違ってスノビッシュなもので、本当に上流階級のためのものだったといえる。当時は子供だったから記憶は曖昧ではあるが、ゴルファーといえば、気取ってはいるものの同時に気を遣いあってもいた。誰もがおしゃれだった。ところが、それが崩れ始めたのが僕が高校くらいからではなかっただろうか。高度成長期。もう、それこそ品のない連中がこぞってゴルフ場に繰り出し始めたのだった。ルールもくそもないとはこのことだ……と叔父が嘆いていたことを思い出す。で、僕はこれを機にゴルフと縁を切るのである。時代の潮流に乗れない子供だったわけだ。頭の固さは今でも変わらないけれど。

その後、社会人になって数回はゴルフをした記憶がある。ほぼいやいやだったけれど。30代前半のころ、作曲家の大先生と、作詞家の大先生と一緒に回らなければならなかったときがあって、そのときの印象があまりにも悪く、さらには僕の不調も手伝って、それが決定打となって僕の頭の中からゴルフという文字は抹殺された。

でも……そう、ここで復活をしたのであった。密かに。なぜなら、ここは貸切だ。貸切じゃないのに貸切だ。今はアウトにお客さんがいますよ、といわれればインを回る。インに人が来ました、といわれればカートで何ホールかすっ飛ばす。こういうでたらめがここでは効く。ビーチサンダルのままやったこともあるし、海パン一丁でやったこともあった。子供のころスノビッシュだったものを裏切られた反動がここに見て取れる。それにしても……。

僕がゴルフを一緒に回る相手はいつも決まっている。会社のスタッフと関西地区担当のスタッフだ。二人とも僕より少し下手だ。そこがみそだ。うまいと気分が悪い。少しだけ下手、というのがいいのだ。相手が少し下手だと悪い冗談をぎゃあぎゃあいいながら回れる。でも、こっちがミスショットをして相手がナイスショットでもしようものならとたんに口が重くなる。ゴルフって正直だなあ、と思う。というより自分の性格をまざまざと見せ付けられる思いだ。恥ずかしい。56年の結果はこんなものなのかなあ、と思う。こんなものかもしれない。これだけ生きてきて、学んだものなんてたいしたことないじゃないか。人としてどうなんだろう……と落ち込む。でも、ナイスショットをすると気分はとたんに晴れる。ゴルフの楽しみって、こういうことなんだろうな、と思う。

そんなわけだから、本格的にゴルフデビューするなんてことは今後も一切ないだろう。僕のゴルフはここだけ。それも一緒に回るのは同じメンバー。こんなものがゴルフといえるのか……といわれればその通りだ。でもそれが僕のゴルフだ。誰にも文句は言わせない。さあ、早くリハーサルが始まらないかな、と心待ちにしている僕なのである。

異常な普通

2008.1

一生乗ることはないだろう、と思っていたブガッティ・ヴェイロンに乗った。場所は伊豆サイクルスポーツセンター周回コース。２周ずつ２回の計４周。最初で最後だろうからすべて観察して、そして全部記憶にとどめていようと思った。しかし、恥ずかしながら、これを書いている時点で覚えていることといえば、メーター類の小ささ、Ａピラーの位置と太さによる死角の多さ、アクセルペダルが深い位置にあったこと、シートスライドが手動だったこと、ステアリングフィールがアウディそのものだったこと、ついでにパーキングスイッチもアウディそのものだったこと、あとは助手席に座ったお目付け役の人の噛むガムの臭いくらいである。

そうそう、がんばって飛ばしてはみたものの、ＧＴ-Ｒでスキール音が出るようなシーンでも、ヴェイロンは静かそのもの。それが不気味で怖かった。ストレートで床まで踏みつけて馬力メーターを１００１のところまで持っていったときの加速……これはもう離陸するぞ、と本気で思わせたほどだ。非現実的な加速だった。そのせいで記憶のすべてが飛んでしまったのかもしれない。

もし僕がこの車に値段をつけるとすれば３５００万円である。

BUGATTI VEYRON

プロフィール

VWのパトロニッジで2度目の復活を遂げた名門ブガッティの現状で唯一のモデル。2001年のフランクフルト・ショーでプロトタイプが披露されたものの実車開発に4年を要し、05年の東京モーターショーでようやく正式デビューした。価格は折からのユーロ高もあって当初の1億6300万円が06年に1億7700万円となり、さらに07年1月に1億8800万円、同年7月には2億円近くまで高騰した。300台限りの限定生産で、08年2月現在までに200台強が販売済み。残るは100台未満とされている。

コンディション

スペック：'08MY ヴェイロン 16.4／7AT
全長4466×全幅1998×全高1206mm　ホイールベース2710mm　トレッド前1715／後1615mm　車重1888kg　乗車定員2名　ミッドシップ縦置き4輪駆動　W型16気筒7993cc4ターボ付き　1001PS／6000rpm　1250Nm／2200-5500rpm　2ペダル式ツインクラッチ・セミオートマチック7段　前ダブルウィッシュボーン、コイル-油圧／後ダブルウィッシュボーン、コイル-油圧　前ベンチレーテッドディスク／後ベンチレーテッドディスク　ラック・アンド・ピニオン／パワーアシスト　Michelin Pilot Sport Paxsystem 前265-680ZR500A 99Y／後365-710ZR540 108Yタイア

価格／装着オプション（試乗時・消費税込み）

1億9900万円／—

ＳＵＶウォーズ

2007.10

　レンジローバーにスポーツを登場させたのはこいつらのせいだ、と思う。ＳＵＶだかＳＡＶだか知らないけれど、知らぬ間にとんでもない事になっている。大きく重く、したがって強いというキーワードはそのままに、ゴージャス、スポーツというところにまで足を踏み入れている今現在。しかしブッシュ政権の解散とともにこの流れはどこかにいってしまうのだろうか。それともエコ、軽量という流れを手に入れてさらに進化し続けるのだろうか。非常に微妙なところに立っている現代のＳＵＶたちの最新モデルに乗ってみた。

日焼けサロンに通うレスラー

アル・ゴアがノーベル賞を受賞した、というニュースが流れたその日、カイエン・ターボはうちにやってきた。ドロドロと低く響く排気音はうちの窓ガラスを揺らし、多分、隣の家の窓ガラスも揺らしていたことだろう。なるべく人に見られないように急いで外に出ると、慌ててガレージのシャッターを開け、例の巨体を押し込んでシャッターを閉めた。その間数メートル、数秒で、この車の性格がはっきり見えたような気がした。ああ、やっぱりカイエンだな。

さて、カイエン・ターボはもう何回目になるんだろう。マイナーチェンジをする前に数度、そのうち一度は長期間借りた記憶がある。そしてマイナーチェンジ後は1回。これは箱根で乗ってびっくりするくらいいい印象だったのを覚えている。僕の記憶が正しければ「速さはそのままにすべてがマイルドになった」である。なにしろ５００馬力である。しかも２・５トンにも達しようとする重量。マイルドという言葉を使うこと自体ためらわれるが、このての車をここまで調教し、ここまでコントローラブルにしたポルシェというのはやっぱりすごいメーカーだと思う。

それはそうと、今回の滞在日数は３日。実を言えば乗る気がしないまま２日が過ぎた。まあ時期が悪い。今平然とカイエンに乗って爆走していたら、やっぱりばかにしか見えないと思う。そんなことを言ったらスポーツカーに乗っているやつはどうなんだ、古い車はどうなんだ、じゃあハイブリッドだけがえらいのか、というような論争になりそうだが、こういう気持ちはわかってもらえると思う。というわけでガレージに行っては眺める毎日。きっとオーナーならばそうするであろうことをやっていた。大きいとはいえライバルたちに比べ特別大きいわけではない。むしろ普通なくらいだ。しかし、スペースユーティリティに優れた近頃の小型車に比べればなんとも無駄遣いなくらい大きいのも確か。大きいはずのガレージが窮屈にみえる。さて、重いドアを開けて乗り込んでも室内は感動を覚えるほど広くないのはこのての車の常識である。特に後席はシートバックも立っており、デザインも素っ気無いからなんだか招かれざるお客さんになったみたいな気分だ。まあ、そういうところはやっぱりドライバーズカーなんだろうな、と妙に納得させられる。ポルシェだからね。

　ではドライバーズシートはどうかといえば、９１１シリーズとは別物なのはいうまでもないとして、ダッシュボードのデザイン、クロームの使い方などを見ても、これはアメリカ寄りの車なんだなということがすぐにわかる。いや、知らないで乗り込んだらアメリカ車だと勘違いをするかもしれない……というくらいデコラティブであり大作りである。ポルシェが作ったでかいハンバーガーみたいな印象だ。でもこれがまんまとアメリカで成功しているんだからこれでいいのだろう。

　シートの調整幅は大きく、ステアリングも大きく調整できるので大人から子供まで、それこそどんな人もやる気にさせるポジションは取れるはずだ。そういったポジションから見える世界は、やはりどこまでも果てしなく続く道……だろうか。何時間も車とすれ違わないような荒野が似合いそうだ。しかしガソリンスタンドだけはちゃんとあるような、と付け加えておこう。

　さて、あまりぐだぐだ言っていても始まらないから走りだそう……と思ったのが返却前日のこと。薄い長時間よりも濃い短時間、である。深呼吸をしてからおもむろにキーをひねる。おや。キーホールの位置がほかのポルシェたちと同じとしても、そういえばこのキーの形はポルシェらしくないな、と思った。これはまるでアウディみたいじゃないか。

　いかんいかん、そんなことはどうでもいい。もう一度仕切りなおして深呼吸をし、キーをひねると思ったよりも静かな音でエンジンはスタートした。もちろんこれは室内での話であって、窓を開ければガラスも揺らす重低音は響く。なんだか利己主義なやつである。いまやクラシックともいうべきサイドブレーキのリリースレバーに手を伸ばし、これもいまやクラシックな細身で径の大きめなステアリングをきりながら道路に出ると、一瞬20インチのタイアが手のひらの奥で暴れるのがわかった。デザインをとるか、洗練をとるか、僕だったら20インチはいらない、と思う。第一この車でも33万円もするオプションである。

　身のこなしはいかにポルシェといえども鯨、あるいは大きなクルーザーか。どこかに間接感が伴うのはエアサスのなせる業かもしれない。ゆらりゆらりと身をくねらせながら動く。少なくとも混んだ街中を走っているときは「50メートルプールの中のクルーザー」でしかない。なまじパワーが有り余っているだけに欲求不満が募るばかりだ。しかし這いずり回りながらも優越感があることも確かだった。ポルシェのＳＵＶというだけでかなりの説得力を持つからだろう。これにはライバルのＳＵＶたちはおろか、メルセデス、ＢＭＷドライバーたちも一目おかないわけには行かない。一度として信号グランプリを仕掛けられることはなかった。

　さて、首都高速に乗ってランプから深めにアクセルを踏んでやると、実に想像通りの加速をしてくれる。ヘビー級のボディを強トルク、強パワーで押し上げるそのさまはジャンボジェット機の離陸のそれだ。軽量スポーツカーの爽やかな加速感とは違う、なんといったらいいのか、もっと強引で傲慢な加速である。これが好きならばもう仕方ない、とあきらめたくなるほど、それには説得力がある。

「カーッ」という機械音を高めながら、ふとメーターに目をやると回転計は７０００近くをさしているところがポルシェらしい。もっともこういう車のオーナーにとっては回転など関係ないのかもしれないが。ステアリング上のティプトロニックスイッチを親指でちょんと触ってシフトダウンアップを繰り返すとき、これにＰＤＫ（ポルシェのツインクラッチ式セミＡＴ）は必要ないだろうな、と思った。ダイレクト感よりもこのスムーズ性を大事にしたほうがいい。それくらいこのＡＴにはダイナミックでかつスムーズなフィーリングがある。そして乗り心地も高速ではダイナミックかつスムーズ。３段切り替えのうちたとえハードを選んでもしなやかに感じる。ブレーキもこのての車としては最上級の部類だろう。でも９１１と比べてはいけない。あっちは小型機。こっちはジャンボなの

だから。フィーリングが何から何まで違うのは当たり前だ。

気がつくと車のあいだを縫って走るような強引な運転をしている自分がいた。まるでヒットアンドアウェイを繰り返すボクサーみたい、なんていいたくなるほど、この車のポテンシャルは高い。加速、減速が思いのままだ。ただし運転していて楽しいかどうかは別の問題。楽しくないからこんな運転になってしまう、ということも言える。

なまじのスポーツカーもびっくりするようなコーナリングマナーを見せるのもカイエンならではだ。シャーッと飛んできて、ふっと息を殺しながらひたひたと進入し、しなやかにびっくりするような速度で抜けていくそのさまはヘビー級のボクサーと言うにはあまりにも素早すぎる。ああ、このためのエアサスなのか、とふと思う。それくらいロールは軽微でしかも優しい。参ったな……と思わず独り言が出た。

さあカイエンとはそんな車である。しいてたとえるならばトレーナーがちゃんとついていたころのマイク・タイソンあたりか。どうやったら負けるのか、想像がつかないほど強い。そのかわり、精神面でも肉体面でもそれを維持するのが大変であったことは記憶に新しい。カイエンはそんな車でもあると思う。近い将来にはハイブリッドを積む、とも噂されているが、アメリカを向いている限り、それは至極全うな考え方であるだろう。それで肉体的な面は解決は出来ても、精神的な面は……やはりアル・ゴア的な発想を以てしても、なかなか難しいところだろう。

PORSCHE CAYENNE

プロフィール

SUVなしでは夜も日も明けないアメリカ市場に照準を合わせ、2002年にデビュー。プラットフォームを共同開発したVWトゥアレグと共有する。専用アセンブリー工場を旧東ドイツのライプツィヒに設け、つい最近生産累計が20万台に達するほどの大ヒットとなった。2007年に初のフェイスリフトが行われ、エンジンはV6、V8自然吸気、V8ターボとも直噴仕様に移行した。'08モデルイヤーでは自然吸気型V8をライトチューンするとともに、車高を低めたGTSが新たに加わった。

コンディション

スペック：'07MY カイエン・ターボ／6AT／走行14,000km
全長4810×全幅1930×全高1700mm　ホイールベース2855mm　トレッド前1645／後1660mm　車重2460kg　乗車定員5名　フロント縦置き4輪駆動　V型8気筒4806ccターボ付き　500PS／6000rpm　700Nm／2250-4500rpm　オートマチック6段　前ダブルウィッシュボーン、エア／後マルチリンク、エア　前ベンチレーテッドディスク／後ベンチレーテッドディスク　ラック・アンド・ピニオン／油圧アシスト　Michelin Diamaris 275/40R20タイア

価格／装着オプション（試乗時・消費税込み）

1398万円／20インチ・カイエンスポーツデザインホイール&タイア（33万円）＝合計1431万円

ＢＭＷ流、会員制ＳＵＶ

カイエンのかわりにＢＭＷ Ｘ５がガレージに入ってきたら、ガレージがぱっと明るくなった。明るめのゴールドというボディカラーのせいもあるだろうが、それだけじゃない。ＢＭＷとはそういう車なんだと思う。つまりデザイン、イメージ、認知のされ方、すべてが明るい。だから広く人気があるんだろうな。

プレスラインの強く入ったボディはきゅっと締まっていて、それだけで都会的だ。窓越しに見えるインテリアもモダンで素敵。心が揺らぐのがわかる。カイエンとＸ５、僕はいったいどっちが好みなんだろう？

まあそんなものは乗ってから決めようじゃないか、というわけで今回はさっさと街に乗り出すことにした。ドライバーズシートに座り、電動のシート、電動のステアリング調整でベストポジションを選ぶと、それはカイエンよりもだいぶ高い位置に決まった。心なしか見晴らしは随分といいような気がする。取り回しもずっと楽そうだ。カイエンよりも小さいんだな……と思う。幅も長さも、だ。その割に後席の前後長はカイエンよりも広いのは設計のせい……と思っていたら実は少しずつではあるがこちらのほうが大きいのであった。実寸と扱いやすさは別物、とつくづく思った。

現行７シリーズ以降のＢＭＷに要注意なのは、俄かオーナーを寄せ付けないところだ。つまり、他の車たちと一緒だろうとたかをくくって走り出そうとすると、あら、あるべきところにあるべきものがない、なんてことになる。７シリーズはいまだに何がなにやらわからないまま試乗を終えることが多い。使いこなせるようになるには1週間はかかるだろうな、と思う。Ｘ５の操縦かんのようなシフトレバー（バイワイア）もちょっぴり排他的なオーラを放っていた。

キーをたてに差し込んでその脇のスターターボタンを押すと、アルピナの血が入っているといわれる４・８リッターＶ８はシュンと目覚めて、室内で聞く限り静かなアイドリングに入る。ＢＭＷエンジンのいいのは冷たく燃えるきれいな炎が見えるようなところだろうか。それは実によく計算された均一な炎だ。そう、だから熱く冷たい。

このところのＢＭＷにしては径の細めのステアリングをきりながら、例によって路上に出ようとしたら、あらら、これ、アクティブステアリングじゃありませんか。低速ではぐいっときれる。慌ててきり戻しながら路上に出るとき、これはまさしくＢＭＷだなと思った。なんといったらいいのか、清潔感あふれる手触り、とでもいうんだろうか。ステアリング、ペダル、シートを通して伝わってくるものが繊細でかつダイレクトだ。おもわず頬が緩むのがわかった。

さて、いよいよ短いインプレッションの始まり始まり。まずはサスペンションの動きだが、これはかなり僕の好みかもしれない。大柄なボディの割にまるでスポーツセダンだ。エアサスが後輪だけ、というのがいいのかもしれない。ごつごつとはするものの、あのいやらしいぶよぶよ感が少ない。にもかかわらずボディをフラットに保つのは40万円のオプションとなるアダプティブドライブのせいか？

　ゆっくり踏む限り、NAの４・８リッターエンジンはもっさりと立ち上がるが、３０００回転あたりから急に軽く、切れ味鋭く駆け上がっていく。そこは紛れもなくBMWワールドである。体育会系のカイエン、理数系のX５だ。こちらには泥臭さというものがない。さらに踏み込むと胸のすく加速が始まる。うーん、何なんだこれは……。速い。それが軽やかに速いところがカイエンとの大きな違いだろう。

　排他的と思ったシフトレバーは使いやすくはあるのだが、この車に限ってはパドルシフターが欲しいと思った。つまりそれはエンジンが完全にイメージどおりに動くからなんだろうと思う。だからこまめにシフトして欲しいところだけを使ってイメージどおりに走らせたい……この車のオーナーは必ずそう思うはずだし、実際そうやって走らせることだろう。

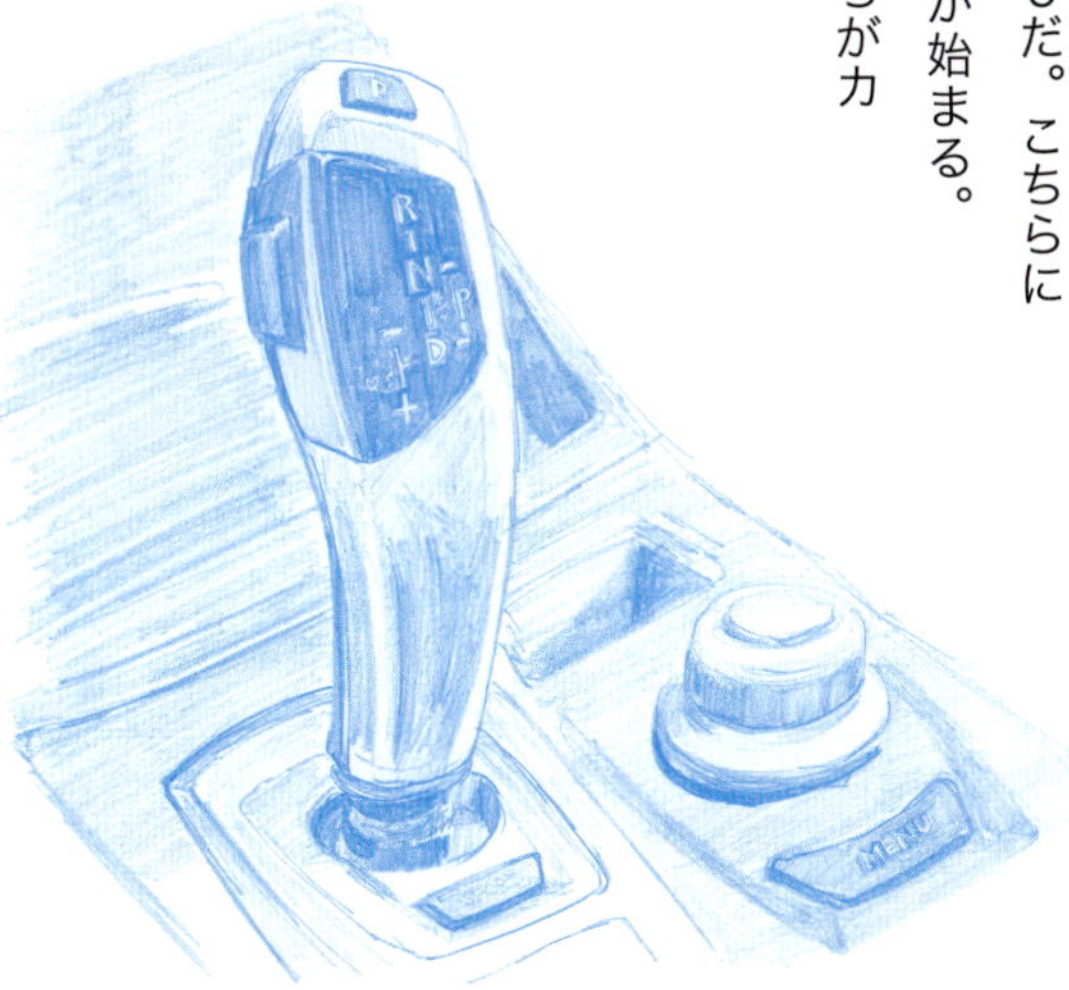

一方で渋滞の中でのＸ５も悪くなかった。理由はいろいろ考えられるが、見切りのよさ、ちょっとしたエンジンのささやき方、インテリアの明るさ、エンターテイメント性、車がなにかと多弁なせいだからかもしれない。僕の場合はそれに付け加えて気負わずにいられるのがうれしかった。なぜかって？　それはＢＭＷだからだ。

というわけで街中で使うのには案外ストレスの少ない車であった。もちろん図体の大きさは大きさであるから、小型車のようにとはいかないけれど、精神的に苦痛を感じることが少なかったのは大きな収穫だった。

最後にもう一度高速道路を試そうと思い、ランプを全開で駆け上がる。さすがにＢＭＷエンジンは苦しげな表情も見せることなく、軽く７５００まで回ってはスムーズにシフトアップしていく。さらっとしている。なるほど……ＮＡらしい実に直線的な加速だったんだな。さらに加速を続けると、ステアリングの手ごたえがぐっと増して、いわゆる今のＢＭＷセダン、クーペたちと同様の手ごたえを感じるようになった。乗り心地は微振動は伝えるもののおおむねフラットという結論にしておこう。ぴったりと路面に張り付いている感覚はカイエンよりも強い。

しかし、僕が不満に思ったのは、ＢＭＷ一族にも共通する、高速域でもステアリングの切りはじめが過敏であるという点だ。遊び、というよりもゆとりをもう少しだけ持たせて欲しい。さもないとカップホルダーに手を伸ばす気にもならないし、安易にくしゃみも出来ない。もっともそういうシチュエーションではゆっくり走ればいいだけの話なんだけどね。それが出来るかどうかは……オーナーのみぞ知る、といったところだろう。

さあ、新しいＸ５。思い出してみると初代とはまるで別物である。初代にあった緩さ、荒さはまったく影を潜め、ＢＭＷスタンダードを手に入れた。スムーズでスマート。そしてダイレクト。技術の進歩は恐ろしいものだと思う。力のカイエンか頭脳のＸ５か……。勝負はあと2台乗ってから決めよう。

BMW X5

プロフィール

タフだが粗野だった過去のSUVと一線を画すべく、あえてSAV（スポーツアクティビティビークル）を名乗ってデビューしたのが1999年のデトロイト・ショー。アメリカ製だけに本拠ヨーロッパでの販売は翌年に持ち越された。スポーツセダン並みに切れ味鋭いハンドリングは当時同じグループに属したレンジローバーとの比較において顕著だった。登場後3列／7シーターのX7が噂されたが、初代では実現せず、結局2006年にモデルチェンジしたX5そのものが大型化、オプションでの設定ながらその役割を兼ねることになった。

コンディション

スペック：2007MY X5 4.8i／6AT／走行7,700km
全長4860×全幅1935×全高1765mm　ホイールベース2935mm　トレッド前1645／後1650mm　車重2250kg　乗車定員5名　フロント縦置き4輪駆動　V型8気筒4798cc　355PS／6300rpm　475Nm／3400-3800rpm　オートマチック6段　前ダブルウィッシュボーン、コイル／後インテグラルアーム、エア　前ベンチレーテッドディスク／後ベンチレーテッドディスク　ラック・アンド・ピニオン／サーボトロニックパワーアシスト　Bridgestone Dueler M/L 400 RFT 255/55R18Hタイア

価格／装着オプション（試乗時・消費税込み）

970万円／アダプティブドライブ（40万円）＝合計1010万円

車版、マイケル・ジャクソン

さて、次のＭＬクラスが来るのを待っていたら担当者から電話があった。「ちょっとした理由でＭＬじゃなくてＡＭＧのＧクラスをお持ちしてもいいですか？」Ｇクラスってゲレンデヴァーゲンのこと？それって今回のライバルになんかならんだろう……とは思ったものの、それはそれ、イレギュラーでもすぐに興味が湧いてしまうのが僕の悪いところ、いや、いいところである。「ではどうぞお持ちください」と軽く返事をした。

ガレージをあけて準備をしているところにドロドロとひときわ勇ましい音を立てながらＧクラスはやってきた。ＭＬは途中でパンクをしたので急遽これに乗り換えてやってきたという。どうもタイアサイズが特殊なので時間がかかるらしい。ほう、なるほどね。それにしてもこんなアメリカンな音だったっけ？というのが僕の最初の印象。というのも、僕の周りにはけっこうＡＭＧのＧクラスが多く、音は知っているはずなのに、こんな音ははじめて聞いたのである。

もしかすると僕の周りのＧクラスたちはＡＭＧのバッジチューニングかもしれない……。つまり、いわゆるノーマルモデルにＡＭＧのバッジだけ付けてしまうという、あれである。メルセデスの世界はこれが多いからいやだ。バブルのころからちっともかわってないじゃないか。そういえば日本でＧ

クラスといえば芸能人、スポーツ選手御用達の感があるが、どれもがＡＭＧばかり。半分はこの種のものかもしれないな。

　ということはともかく、ガレージに入れてみるとさすがに今までのＳＵＶとは違う不思議なオーラを放っている。この独特のオーラゆえにいまだにファンが多いのもわかる気がした。考えてみれば生まれたのが70年代半ば。パートタイム４駆として、ほとんど軍用車みたいなシンプルな形で生まれた車なのに、ニーズに引きずられてこんな風になってしまったんだから。老衰で死にたいのに、周りの希望で勝手にサイボーグ化されて生き延びさせられてしまったおじいさんのようなものだ。

　それにしてもデジーノインテリアを与えられたこの車のインテリアの豪華なことはどうだ。初代Ｇクラスを知るものとしてはどうやっても考えられない。この車は何のための車？といいたくなる。少なくとも、オフロードを走れたとしても、泥だらけの足でこの車には入れない。

　少しよじ登るようにしてドライバーズシートに着くと、広がる世界はずいぶんコンパクトである。今までうちにいた車たちがいかにデブだったかということがわかる。フロントスクリーンは平板で、Ａピラーは細く、ダッシュボードは限りなく小さく……そしてドアも現代の車の半分くらいの薄さだろうか。なんとか安全基準に合致させるようにがんばっては来たものの、もうそろそろ限界だろう。そういう意味では隣に並んだ僕のランドローバー・ディフェンダーと同族、というか同じである。同じじゃないのは、あちらはすっぴん、こちらはど派手なメイクであるということくらい。あとは……

あちらは２５０万円、こちらはオプションなしで１６７０万円（!）

　ちょうど大磯でラジオの収録の仕事があるのでさっそくこれで行くことにした。さて、この車に乗ると僕はどんな人になれるのだろう……。

　ステアリングはびっくりするくらいねっとりしている。そしてぐるぐるとよく回る。これは忙しいぞ。アクセルペダルも重く、ここだけとってみても70年代の匂いがぷんぷんとしている。この時代のメルセデスはどれもこうだった。しかしエンジンはというと「ドッドッドッ」とチューンドアメリカンV8のような音を響かせ、それがなんだか奇妙だ。僕は今いったい何に乗っているんだろう、という気になる。70年代、80年代、90年代、そして現代のものがひとつの入れ物に混在していて、しかもそれがいろいろな方向を向いている、現代のGクラスとは、そういう極めて特殊な車である。

　走り出してすぐの角を右。ぐるぐるとステアリングを回し、戻すときにちょっとだけ当て舵を当てるといった動作も実は昔の車独特のもの。いまどき当て舵、である。芸能人はこういうものを本当に許せている

の？　とふと思う。乗り心地は……。うまくいえないけれど、横並びで発言するのは避けておこう。よくぞここまで現代に通じるようにした、というのが正直な感想だ。それが精一杯である。

　東名のランプを駆け上がろうとスロットルを深く踏み込むと、いきなりどっかーん、と背中を蹴飛ばされたような加速が始まった。おっとっと……。そこまでは準備していなかった僕の首は思わず後ろにのけぞる。目の前が真っ白になる。まるでロデオだ。カイエン・ターボのそれが吸い込まれるような加速だとすると、こいつは紛れもなく蹴飛ばされる加速。アメリカ人が好きそうだ。コンプレッサー付きＶ８、５００馬力のエンジンはさらに強引に速度を上げようとするのだけれど、さすがに古い設計のシャシーでは少々怖いし、もちろん公道であるから最高速アタックなんて出来るわけもない。たとえ出来たとしても僕は御免こうむる、といいたい。それでも突進するように突き進むこの車はバッファローのようでもあると思った。

　懐かしいような、怖いような、楽しいような、不思議な感覚と共に仕事から帰ってきたわけだが、この車の魅力はアンバランスの魅力、といえそうだ。そういう意味ではもちろん現代では稀有の存在。他には例がない。それでは暴力的なまでの動力性能に対する自制心は……多分自動的に働くだろう。まあでも、この車に後ろに付かれたらすぐにどいたほうがいい。なぜならＧクラスはすぐには停まれない。いくら強力なブレーキが付いているとしても最新のＳＵＶとはひと味もふた味も違うのだから。

MERCEDES-BENZ G55 AMG

プロフィール

1979年のデビュー以来、30年近くも同じ基本設計のまま作り続けられているカリスマモデル。カリスマのカリスマたる所以は、このクルマがハマー同様、生い立ちが民生用とは比較にならないタフな要求水準を満たした軍用車であること、したがってその合目的的な設計とスタイリングがオンロードユースの縛りから逃れた独得のものであること、などだ。他のメルセデスとは異なり、当初から生産工場も特殊な4輪駆動車作りを得意とするオーストリアのシュタイア-プフ社、現マグナ-シュタイア社に委嘱されている。

コンディション

スペック：'08MY G55 AMG long／5AT／走行1,000km

全長4530×全幅1860×全高1960mm　ホイールベース2400mm　トレッド前1475／後1475mm　車重2550kg　乗車定員7名　フロント縦置き4輪駆動　V型8気筒5438ccスーパーチャージャー付き　500PS／6100rpm　700Nm／2750-4000rpm　オートマチック5段トランスファー付き　前リーディングアーム、コイル／後トレーリングアーム、コイル　前ベンチレーテッドディスク／後ベンチレーテッドディスク　リサーキュレーティングボール／パワーアシスト　Yokohama AVS S/T Type 1 285/55R18 113Vタイア

価格／装着オプション（試乗時・消費税込み）

1670万円／デジーノカラー（16.8万円）、デジーノインテリア（22.05万円）、ETC車載器（2.625万円 取り付け工賃別）＝合計1711.475万円

共和党、熱烈支持者が見える……

ＭＬはタイアが間に合いそうもないのでＧＬではどうでしょう？　という電話があった。ほう、そちらのほうがいいかも……と思ったのは、ＭＬは過去に数回借りたことがあったからである。ＭＬに比べ30センチほど長く、５センチほど幅広く、トレッドもそれぞれ若干ずつ大きいにもかかわらず、外から見るとＭＬのロングホイールベース版にしか見えないのはいいんだろうか……。

インテリアにいたってはまるで同じ眺めが広がっている。前を向いている限り、これがＭＬかＧＬかを区別するのは不可能であろうと思われる。さらに言えば、Ｒクラスもほぼ同じだ。個性的なゲレンデヴァーゲンにこだわる連中の気持ちもわかるような気がした。

さて、ＡＭＧではないメルセデスはさすがに静かである。スルスルスルとやってきた。明るいベージュ系のエクステリアはアメリカの南海岸でよく見かける色。そういえばここのところＭＬはやたら見るようになった。見るとたいていおばさんが運転しているんだな、これが。

それで思い出したが、昔、ＬＡでこんなことがあった。初めてのスタジオに向かう途中、大通りの左折禁止の看板に気付かずに左折したところ、その小道からＳＵＶに乗った中年のおばさんが出てきた。おばさんは怖い顔でこっちに向かって何かを言っている。つまり、左折禁止のところを左折してはいけない、と言っているわけだ。すみません、わからなかったもので……といって通り過ぎようとすると、そのおばさん車を真ん中に寄せて通せん坊をしようとするのである。僕はもう一度窓を開けて大きな声で「すみません」と言って、その車をよけようとするとまたまた車を動かして通せん坊をする。さすがにこの時は焦りました。こんな人見たこともなかったから。でもそのうちちょっと怖くなった。ひょっとしたら銃を持っているかもしれない、と思ったからだ。なんとか難を逃れたものの、僕のアメリカに対する考え方はこの一件でガラッと変わった。歪んだ正義感……。だからその後、9・11が起こって、多くの車たちが国旗を掲げながら走っているのを見るとき、この国の、特に共和党支持の連中なら当然の行動かもしれない、と思うようになった。リベラルな人間も多数いるが、こういう盲目的に突進する連中が住んでいるのもアメリカなのである。GLにこういうオーナーがいないことを祈ろう。

　フロアはそんなに高くないので乗り込むのは容易である。大きくて柔らかめのシートに腰を下ろすと、やる気になる、というよりはだらっとリラックスする。この得もいわれぬレイドバック感こそがメルセデスのこのクラスの特徴であるといえる。全長5・1メートル。幅は2メートル近くある巨大な鯨を動かすと思うと思わず億劫にはなるが、さすがにそこはメルセデス。ポジションをあわせれば見晴らしはかなりいいから、俄かオーナーにも「大丈夫か……」と思わせる程度の安心感は与えてくれる。まあ、でも走り出す前にやることだけやっておこう。というんで2列目の席に座ったり、3列目の電動シートを起こしたりといろいろやってみる。2列目は広大とはいえないけれど、まあ広いほうだ。デザイン的にも仕上げ的にも大作りな感じはあるもののリラックスはできるだろう。そして、小ぶりではあるが3列目のシート。これが欲しいかどうかでＭＬかＧＬか、が決まるのではないか。値段はずいぶん違うけれどね……。

で走り出す。シフトレバーはコラム上。パーキングブレーキリリースは例の位置。エンジンをかけてブレーキペダルから足を離すと、くねっと身を捩りながらＧＬは動き出した。今回のシリーズの中で一番柔らかいのは火を見るより明らかだった。60扁平のタイアを見ればそのくらいの想像はついたものの、実際問題、このエアサスの船のような動きはカイエンの比ではない。酔いやすい車のベスト10にランクインさせよう。

ステアリングはゲレンデほどではないにしろ、かなりスローだ。ねっとり感もある。そのくせ切り始めのあたりでぐらっとくるからスムーズに走らせるには慣れを要する。なまじ微妙なステアリング操作をするよりもぐいっと切り込んでしまったほうが安定するのも不思議だ。ゲレンデよりはずっと軽いアクセルを踏み込むと、シュワーッとパワーが湧き上がる。力強いのに優しいパワーだ。ぐいぐい加速するというよりもスーッと加速していくのが近代的であるともいえる。

もうこのくらいでいいか……。早くも結論を出してしまおう。それでもこの車は僕には合わない、と思った。大きすぎる。重すぎる。鈍すぎる。タイアと自分の体とが繋がっていないようで自信を持って運転できない。これはその後、高速で飛ばしてみてもそうだった。ゲレンデヴァーゲンに比べればそれはもちろん足元はしっかりしているのだが、妙にリアリティがなく、つまり運転しているのにテレビゲームをしているみたいだった。

そして僕は……やっぱり平気で通せん坊をするようなアメリカ人のおばさんを想像してしまったのだった。

MERCEDES-BENZ GL550

プロフィール

X5に先駆けて1997年にアメリカ・アラバマ工場で生産開始、2005年にモデルチェンジしたMLクラスをベースとして06年にデビューした、そのストレッチ版。ちなみに、近々ラインナップに加わる予定の末弟、GLKはCクラスワゴンが下敷きになっている。ML／GLクラスは同じメルセデスのSUVでもNATO（北大西洋条約機構）軍やアメリカ海兵隊に制式採用されたほど硬派なGクラスと異なり、あくまでオンロードユースが主体。ただし、高低2段のリダクションギアを備えた副変速機が付いている。

コンディション

スペック：'07MY GL550 4MATIC／7AT／走行15,000km
全長5010×全幅1955×全高1840mm　ホイールベース3075mm　トレッド前1650／後1655mm　車重2530kg　乗車定員7名　フロント縦置き4輪駆動　V型8気筒5461cc　387PS／6000rpm　530Nm／2800-4800rpm　オートマチック7段トランスファー付き　前ダブルウィッシュボーン、エア／後4リンク、エア　前ベンチレーテッドディスク／後ベンチレーテッドディスク　ラック・アンド・ピニオン／パワーアシスト　Continental 4×4 Contact 265/60R18 110Vタイア

価格／装着オプション（試乗時・消費税込み）

1313万円／—

形はＳＵＶ、操縦感覚はセダン

さて今回のＳＵＶシリーズ、しんがりはアウディＱ７である。なぜだか今まで乗ったことがなかったのでちょっとうれしい。うれしいけれどちょっと憂鬱だったのは、多分サイズがこれまた大きかったからだと思う。僅差でメルセデスＧＬよりは小さいものの、充分以上にでかいのはご存知のとおり。

これまたちょっとだけよじ登るようにして運転席に着くと、なかなか不思議な世界が広がる。なぜかってダッシュボードは見慣れたＡ６そのもののようだし、フロントスクリーンも角度が極めて似ている。違う点があるとすれば、それはシートの高さと、そこから見える世界観だけだ。オールロードクワトロを入れてＡ６三兄弟というわけだな。

したがって動き出すまでの儀式も兄弟とまったく同じ。キーを使わずにスタートストップも出来る。今回借りた４・２リッターＶ８は最新式の直噴エンジン。まあ、これくらいでかい車だとこのくらいのものが欲しい、と思うのも事実である。さて、そういうわけで勝手知ったる車のようにエンジンを始動させ、セレクターレバーをＤに入れていざ出発。

例によってガレージを一歩出たところでの印象は良好である。インテリアから想像されたとおり、Ａ６に酷似しているといえる。そのクリーンでかつスムーズな動きはＢＭＷ Ｘ５にも似て清潔感がある。ＧＬから乗り換えると、体の奥からしゃっきりと覚醒していく感じだろうか。これはドライバーにとっては歓迎されるべきことかもしれないが、パッセンジャーはどうなんだろう……もしかするとＧＬの緩やかさのほうを好む人は多いかもしれない。

　Ｑ７がＸ５よりも好感をもてるのは、多分ストップアンドゴーを強いられるようなシチュエーションでだろう。こちらは立ち上がり方が非常にスムーズで車の重さを感じさせないのである。ＢＭＷが一瞬もっさりと立ち上がり、そこから急激に加速が始まるのに対して、もっと直線的であり、アクセルペダルの動きに正直であるといえる。したがってパッセンジャーにもドライバー自身にも不快感を与えない。ただし、いったん転がり始めてしまえば、パワー感、エンジンのサウンド、回り方などすべての面でＢＭＷのほうが濃厚であることはいうまでもない。

　それでもことスムーズさにかけてはＢＭＷに負けず劣らずいいエンジンだと思う。車が非常に軽く感じられるのはこのエンジンのせいといっても過言ではあるまい。多弁ではないが、ダイエットメニューのような軽さという点で、こちらのほうが現代的だ。

　ステアリングフィールはほぼＡ６に準ずる。直接乗り比べていないのでなんとも言えないけれど、軽さ、インフォメーション、切れ方、すべて同じように感じた。つまり、言い換えるならばこんな大きなものがまるでサルーン感覚で運転できる、ということでもある。切った瞬間にふらつきがないのもいい。サスペンションはうまくセッティングされているようで、低速ではしっかりしゃっきり、高速ではがっちりとフラットに、これがなかなか快適で、個人的には今回の中で一番疲れない車、と思った。モーターショーの帰り道、疲れきった体で大渋滞に突入しても、肉体的にも精神的にも楽でいられたのはこの車のおかげである。

天地に浅くて見晴らしのよくなさそうな……と最初思ったフロントスクリーンも、アールの角度のせいか、実はとても見やすく、さらには感覚がつかみやすく、思い切って左に寄せることができた。こういうところってこの車にとっては大事なファクターだと思う。

この車の2列目も実はとても快適だ。贅沢に大きなセンターコンソールで仕切られ二人分のシートしかないが、その代わりリクライニングもスライドも出来るのである。足元もゆったりとしているから長距離はかなりいいはずだ。ちょっと前までのビジネスクラス並み、だろうか。3列目は……まあ、たいしたことはないとだけ言っておこう。

そんなわけで乗っては広く、運転してはコンパクトな印象を受けるQ7であるが、今回のライバルたちに唯一遅れをとっているのは動力性能ということになるだろうか。もちろん、これでも充分以上なのだけれど、12気筒ディーゼルを心待ちにしている人達の顔が目に浮かぶ。

さて、力か、運動性能か、はたまた技かバランスか、とりあえずＳＵＶウォーズ第1ラウンドは終わったように思う。第2ラウンドはＳＵＶにとっては難度の高い経済性、という壁が立ちはだかる。ほぼ全員がその壁の手前にたどり着いてはいると思うが、最初に登り始めるのはどれか。そして最後まで登りきるのはどれか。登りきる頃にＳＵＶたちは果たしてどんな形になっているのか。これはこれで興味深いものがある。

いずれにしても今がＳＵＶの買い時でないことだけは確かなようだ。

AUDI Q7

プロフィール

ドイツの民族系メーカーとしては最後発のSUV参入で、2005年のフランクフルト・ショーでデビューした。というよりもより正しくは、1980年にビッグ・クワトロを送り出し、世の乗用車系4WDに先鞭を付けたアウディとしてはまずセダンベースのオールロードクワトロで様子を見た後、最近の業績好調にも支えられてようやくライバルへの追撃態勢が整ったというべきかもしれない。日本仕様にはほかにV6 3.6FSIがあるが、本国では08年に500PSと1000Nmを発するV12ディーゼルが追加されることになっている。

コンディション

スペック：'07MY Q7 4.2 FSI クワトロ／6AT／走行20,000km
全長5085×全幅1985×全高1740mm　ホイールベース3000mm　トレッド前1650／後1675mm　車重2240kg　乗車定員6名　フロント縦置き4輪駆動　V型8気筒4163cc　350PS／6800rpm　440Nm／3500rpm　オートマチック6段　前ダブルウィッシュボーン、エア／後ダブルウィッシュボーン、エア　前ベンチレーテッドディスク／後ベンチレーテッドディスク　ラック・アンド・ピニオン／パワーアシスト　Continental 4×4 Contact 265/60R18 110Vタイア

価格／装着オプション（試乗時・消費税込み）

945万円／—

モータージャーナリストの日常

ＡＪＡＪの総会の後、Ｋさんが僕を家まで送ってくれると言う。ありがたいのでお言葉に甘えることにした。Ｋさんは（多分）借りもののＢＭＷ３３０ｉカブリオレだった。そうそう、Ｋさんなどと言っても知らない人のほうが多いだろうから、説明する必要があるな。普段は終始にこやかでおしゃべりなおじさんだ。女性に異常に優しい、というところが僕にはいまいち信用できないところではあるが、まあ僕にも優しいからそれでいいことにしている。職業はモータージャーナリスト。さらにいえばＢＭＷでドライバートレーニングなんかもやっているし、安全運転の先生なんかもやっている。

さて、そんなおやじがどんな運転をするのか。僕には少し興味があった。果たして、模範的なドライバーズポジションからしっかりと安全確認をしてＢＭＷはスタートした。そして僕の予想通り、高速に乗ってからは法定速度の倍くらいで……ではなかった。このおやじ、あくまでも淡々と法定速度で走る。首都高では左車線。ふっと右に出ては車がまわりにいないのに律儀にウィンカーを出して左に戻る。まるで生徒を隣に乗せて模範を見せるように走るのである。そういえば車の中でどんな話をしたっけ。覚えていないけれど、どちらかといえば先生モードだったような記憶がある。先生は先生でなくても先生モードになってしまうところが悲しい。

しかし、だ。そんなことで人の目をだませると思ったら大間違い。そのこれみよがしな安全運転具合が、僕にはどう考えても不自然に感じられたのだ。だってそうだろう。普通、首都高でトラックにはさまれるなら右車線を選ぶだろう。このおやじ、人が乗らない車の中では絶対に人格がかわっているに違いない、と思った。首都高で200キロをやっているかもしれない。

少しだけ古いですが……

2007.4

この本の担当のＭさんからメールがあった。今年で定年なので、何とかその前にこの仕事をやっつけてほしい、というのだ。そりゃあ大変だ。４月か？　それじゃあ間に合わない。第一、４月だったとしたら言うのがあまりにも遅いだろう。では何月だ？　さすがにこういうデリケートな質問はメールで文字にすることさえためらわれる。僕は気が弱いのだ。原稿、がんばって書こう、と決意するも、心に決めた時期にはやっぱり何もしなかった。気が弱い上に意志まで弱いらしい。そうはいってもその時期は刻一刻と迫っている。なんとかしなきゃ……ということでとりあえず、このおじさんにポルシェを借りてもらうことにした。なんだそれは……。と思われるかもしれないけれど、だってこれで原稿が書けるじゃないか。ということで、ここからは２００７年型ポルシェの一気乗りである。

僕のポルシェとの生活は１９８０年にさかのぼる。計算するとかれこれ27年の付き合いだ。最初は中古車屋のおやじにだまされて買った９１１ＳＣのタルガ。どういうものか分からなかったから、結構ひどい状態のものをつかまされて、直すところまでが最初のストーリーである。まあ安かったから仕方なかったともいえる。その後何回か乗り換えて現代に至っているわけだが、僕のポルシェの印象はほとんどがこのＳＣのものだ。恐怖を感じるくらいに鋭く、そして冷たく、厳しい乗り物だった。ドライバーが車に合わせていかなきゃならないなんて、現代のポルシェでは考えられないことである。でも、それが出来るようになったとき、きっと荒馬がいうことを聞いてくれたとしたらこんな感じなんだろう、と思えるような征服感と、満足感と、そして平和に満ちた世界を感じたものである。それは麻薬にも似た中毒性のもので、だからやめられなくなった。

　ポルシェのそれからは乗りやすくなっていく歴史でもある。もちろん基本には厳しいところはあっても、めったに顔を見せないし、ＰＳＭがつく現代のポルシェは、どんなに怒らせてもドライバーをどん底に突き落とすような真似はしない。しかも今はＡＴまである時代だ。女子供でも転がすことは出来るだろう。知り合いのお金持ちが２００７年のターボを買ったそうだが免許はＡＴ限定らしい。そんな時代である。

　ではポルシェはごく普通の車に成り下がってしまったか、といえば、そうも思わない。やっぱり接するたびに独自語を持っていて、敷居の高い車であることには変わりない。いや、敷居が高いと感じるかどうかは、ドライバー次第であるともいえる。だからポルシェは面白い。技量によっては奥の深い世界を見せてくれる。

　車好きには2種類あると思う。ポルシェを知っている車好きと知らない車好き。僕はなまじ知ってしまったばかりにこの道に引きずりこまれた。そして、まだまだこの道は果てしなく続くことだろう。

ケイマン

おじさんと相談の末に、値段の低い順番から借りていこうということになった。で、素のケイマンから始まったというわけ。とはいえ、借り出したこれはぜんぜん素なんかじゃない。オプションが結構すごい。33万５０００円のスポーツパッケージに16万５０００円のバイキセノンヘッドライト。レザースポーツシートにスポーツクロノパッケージ。19インチのカレラクラシックホイールの52万円というのはどうなんだろう。行き過ぎじゃないか？　とすら思う。おかげで６３３万円のプライスが７７７万円にまでなってしまっている。エントリーモデルとはいえ口が裂けても安いとはいえない。

さて、ケイマンはこれまで何度か箱根で乗った。しかし、こうやって家に持ってくるのは初めてだ。何度も言うようだけれど家に持ってくると車って印象が違うんだな。「あれっ」と思うほど違う。今回は白というボディカラーのせいか、まずボディのマッシブさに驚いた。「ポルシェは小さく見えるところがかわいいのに、これ、全然かわいくない！」と言われた。ポルシェってかわいいか？　と思わないでもないが、確かに９１１の後姿はなんとなくこじんまりはしている。それに対して、このケイマンのお尻はなんだ。近くで見ると、特に横方向は９１１の倍くらいに感じられる。ミッドシップエンジンの後ろにラゲッジルームまであるからとはいえ、これはデザインによる確信的犯行である。そういえばデビューしたてのころに箱根で乗って、ドアミラーに映りこむリアフェンダーのカーブがなんともいい感じだったことを思い出したが、これだけグラマラスなデザインだったら当たり前のことだったのである。

そのリア周りのボリューム感に比べてグリーンハウス、つまり人が乗る部分は非常にコンパクトである。９１１のリアシートの部分がないのだから小さいのは当たり前だ。面白いのはフロントスクリーンから立ち上がったルーフのリアへの流れ方で、なんとなく昔の戦闘機のキャノピーの部分を思い起こさせる。もちろんこのカーブのおかげで乗り込むとヘッドルームがたっぷりとあり、アウディＴＴにも似たいまどきのモダンな感じの空間である。……とまあ、こんなふうに書くのも、実は心の中のどこかで、ほとんど９１１の流用だろう、という思い込みが強いからで、違うことにいちいち驚くからである。

そうはいっても、ドアを開けて乗り込んでシートを調整してしまえば、そこは９１１の世界とほとんど変わらない。フロントスクリーンの形が天地に若干薄かろうと、多少メーターが少なかろうと、ルーバーの形が違っていようと、それはディテールに過ぎない。よっぽどの車好きでないかぎり、ポルシェはポルシェ。ケイマンも９１１も所詮は一卵性双生児だ。

新しい形状のキーをシリンダーに差込み、現代にしては踏み応えのあるクラッチを奥まで踏み込んでエンジンをかけると、素のケイマンは一瞬鋭く吼えた後、なんとも聞き覚えのある低いうなり声でアイドリングを始めた。こんなときにもボディは岩のように硬く、エンジンの振動は岩の向こうだ。

そろそろとクラッチだけを戻して、いわゆる昔のポルシェ乗りの流儀でクラッチをつないでいくと、まあ、そんな慎重にやる必要もないことがすぐにわかる。いとも簡単にするりと動き出した。そろそろと加速していくエンジン音はもう独特、としかいいようがない。初めて買った９１１ＳＣのあの音を思い出した。あのころ、業務用の掃除機の音であるとか、業務用の洗濯機の音であるとか、いろいろ書いて誰にも理解されなかったっけ。でもやっぱりあれ、である。エンジン、というよりは機械感が強い。心強い、ともいえるし、冷たい、ともいえるし、無表情ともいえる。これに比べればＢＭＷエンジンは所詮南である。明るいというか軽いというか……。

そういえば、ステアリングホイールの径はいまや大きくて細くて、びっくりするくらいクラシックだ。しかも決してクイックではない。これはＧＴ３やターボに至るすべてのポルシェに共通するところである。スポーツカーのイメージからすれば「あれっ」と思われるかもしれないけれど、これが走り出すと実にダイナミックにしてスポーティだ。低中速では路面のアンジュレーションを余すところなく伝え、高速では路面の傾き、ミュー、タイアの接地具合などを余すところなく伝える。これがテレビゲーム感覚の対極にあると感じさせる。そして飛ばせば飛ばすほど車全体が感覚体のようになっていくから、これ以上過激なステアリングは要らない、と思わせるのである。

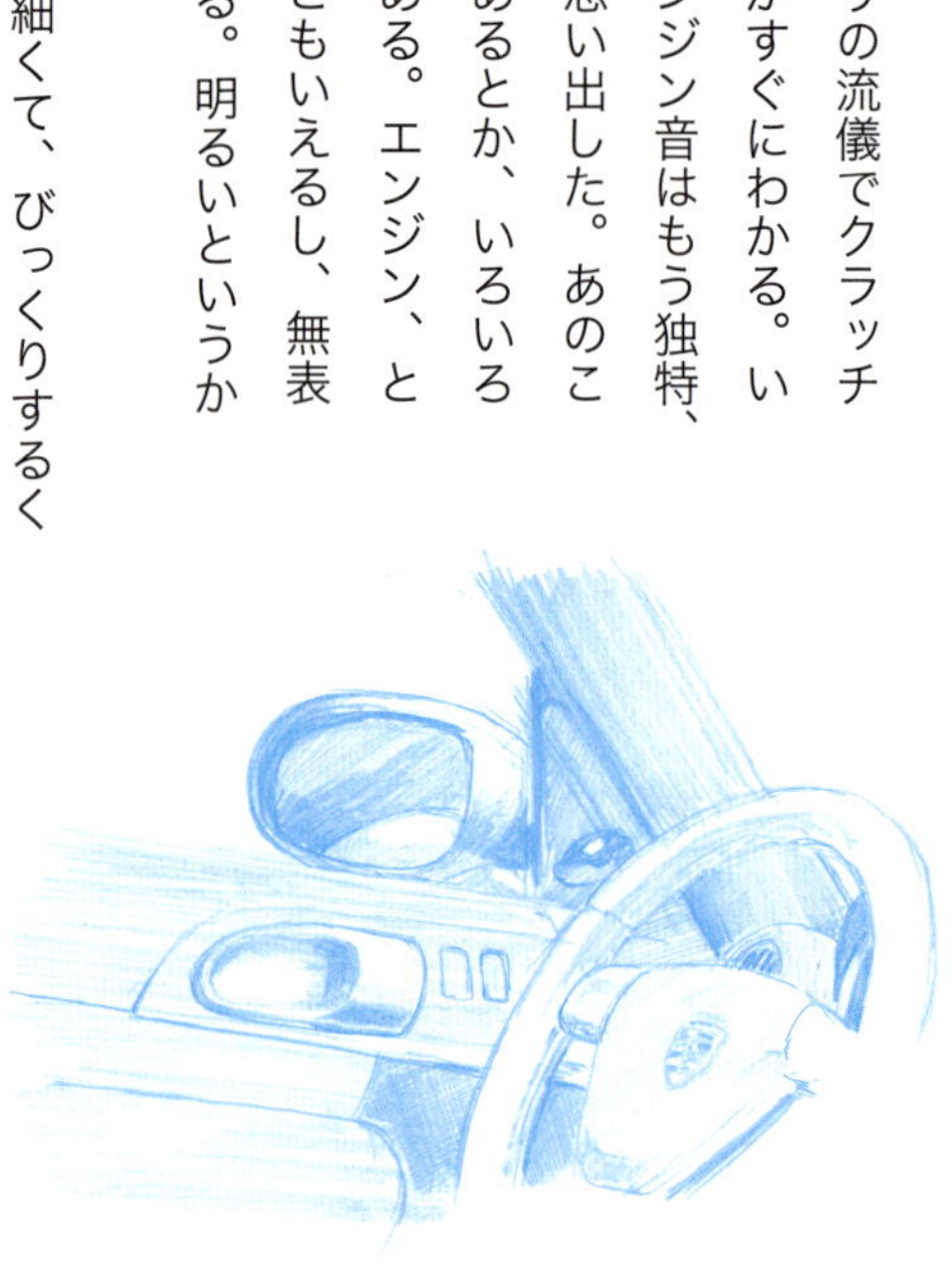

雨が降り始め、街中は結構渋滞している。ケイマンの弱点を発見した。Cピラーの位置と形状ゆえに左ハンドルのこの車の場合は、右斜め後方を走る車が確認し辛いのである。右ハンドルの場合は左後方ということになるのだろう。スピード差があれば問題がないだろうが、同じような緩い流れのときは要注意だ。この点はずっと９１１のほうが実用的であるといえる。それにしてもエンジンマネージメントは渋滞路でも完璧で、手荒く扱ったとしてもしゃっくりなど起こす気配すらないのにはびっくりである。ものすごく躾の出来ているドーベルマンのようだ。

道が空いてきたのでギアを２速、３速とあげていくと、今度はシフトが妙に硬くて特に左右方向に短いことに気付いた。そうそう、これはショートシフターなる９万５０００円のオプションがついているのだった。ショートは歓迎だが重くなるのはどうだろう……という結論は次のケイマンSのところで書こうと思う。ただ、シフトミスこそ犯さなかったものの、最後まで気を遣ったのは確かだ。

エンジンは踏み込むと、間髪をおかずに反応する。ああ、ポルシェだなあ、と思う。期待通りのものを、感覚通りの時間でやってのける。高性能車は数あれど、スポーツカーとただの高性能車との違いはこういうことなのだろう。それはアクセルだけでなく、ブレーキも、ステアリングも、だ。脚色のないのがプロの道具だ、と思わせる。そして、そのまま踏み込んでいくと、２ステージ・レゾナンスインテークシステムと、バリオカムプラスの効果で、エンジンは４０００くらいを境にようやくエンジンらしく歌い始める。もっとも２・７リッターエンジンの宿命で、そこから床まで踏み込んだとしても、それほどの加速が得られないのをどう思うか……だ。個人的には、ポルシェを選ぶんだったら力のあるほうがいい、と思う。

法定速度で走る限り、ケイマンのオプションのＰＡＳＭはノーマルで充分に思える。ときおり例の19インチタイアが暴れるようなシチュエーションもあるが、ノーマルで充分に締まっているしフラットなのがいい。そして19インチの動きが気になったならスポーツにすると、今度はＧＴ３も真っ青なスパルタンな乗り心地がやってきて、これはこれでありだなあ、とも思う。一粒で二度おいしい。ケイマンの乗り心地……言葉にするのはきわめて難しいけれど、ポルシェ乗りに対しては９１１と共通なるも、よりフラットで自然、と説明しておこうか。

だから、何日か借りているあいだに、どんどん返したくない思いに駆られていった。ただ、一度だけ、継ぎ目の多い道で超高速コーナリングを試みたときに、タイアの性格なのか、なんなのか、リアが腰砕けのようになって、きれいな弧を描けなかったのが気になるといえばなった。再現させようと、他の道でも試してみたけれど、そこまで不安になるようなことはなく、ちょっと狐につままれたようだ。ちなみにタイアはミシュランのパイロットスポーツ。専用のものである。

PORSCHE CAYMAN

プロフィール

単にソフトトップのボクスターをフィクストヘッドクーペにしただけ、ではない。独自のアッパーボディを与え、スポーツカーでは特に重視されるボディ剛性を高めた結果、車格も性格も兄貴分の911に近づいた。ネーミングを変え、価格が高いのもその表れである。市場への導入は世の通例と逆で、2005年のフランクフルト・ショーでまず高性能版のケイマンSがデビューした後、このベーシックなケイマンは翌'07モデルイヤーから加わった。

コンディション

スペック：'07MY ケイマン／6MT／走行9,000km
全長4340×全幅1800×全高1305mm　ホイールベース2415mm　トレッド前1490／後1535mm　車重1360kg　乗車定員2名　ミッドシップ縦置き後輪駆動　水平対向6気筒2687cc　245PS／6500rpm　273Nm／4600-6000rpm　マニュアル6段　前マクファーソンストラット、コイル／後ストラット、コイル　前ベンチレーテッドディスク／後ベンチレーテッドディスク　ラック・ピニオン／油圧アシスト　Michelin Pilot 前235/35ZR19／後265/35ZR19タイア

価格／装着オプション（試乗時・消費税込み）

633万円／スポーツパッケージ（6MT & PASM 33.5万円）、バイキセノンヘッドライト（16.5万円）、レザースポーツシート（6万円）、スポーツクロノパッケージ（13.5万円）、19インチ・カレラクラシックホイール（52万円）、ショートシフター（9.5万円）、ヒーテッドシート（7万円）、ぼかしウインドシールド（1.5万円）、トランクルーム荷仕切り（4.5万円）＝合計777万円

ケイマンＳ

白いケイマンを洗車して、仕事先でＳと交換をした。今度はラピスブルーという非常に上品な青である。おじさんいわく、３万キロ近く走っているので、心なしかやれている感じがする、という。聞かなかったことにしよう。乗り込むと、内装の印象はほぼ白いケイマンと同じである。分かりやすいところでいえば、ステアリングの形が違うところ。それとこれはスポーツパッケージではないのでコンソール上のスポーツモード切り替えボタンがないこと、くらい。その代わりといっちゃあなんだが、この車にはＰＣＣＢというセラミックのブレーキ、１４２万円なりのオプションがついている。えっ、１４２万……。でも、実は走り出して、家に帰るまでの間、多少ブレーキのサーボは強めかな、と思ったくらいでブレーキがこんな高価なものであることには気付かなかった。これをよしとするかどうかは、考えてみてください。個人的にはケイマンにはノーマルのブレーキで充分だと思った。ただし、セラミックのブレーキはさんざん雨の中、峠道を走り回ってもホイールの汚れが少なかった……ということはあまり知られていない事実ではある。このオプションを入れて１０６９万円と５０００円、と。うーん。ここで唸ってみても仕方ないか。

低速での揺れが微妙に素のケイマンよりも大きい……かもしれないが、それは走行３万キロということなのだろう。しかし、だ。３万キロでのデメリットが実はここだけだったということが大きな驚

きであった。新車のようにみしりともいわないボディ。スムーズさでは白のケイマンなど足元にも及ばない馴染んだエンジン、馴染んだ足回り。ショートシフターの組み込んでないノーマルシフトの自然な動き。そして何よりもパワーだ。ケイマンは素で充分、という人も多いが、このエンジンを味わったらちょっとどうなんだろう。０・７リッターの排気量の差はやはり大きいといわざるをえない。アクセル開度半分から上が違う。これぞポルシェ、といいたくなるような力強さだ。さらにそのあたりからの音の変わり方も、こちらのほうがドラマチックであるから、乗っていて高揚感が違う。ジキルとハイド的な要素がより強い、といえる。逆に言えば、そういう車だからこそ、ゆっくり走らせているときも楽しかった。

　実はこの車、２００５年末の登録なんだそうだ。もし素のケイマンとこのSとがモデルイヤーで違っているのだとすると、これはちょっぴり問題かもしれない、と思った。だって、明らかにこちらのほうが何から何まで自然だからだ。ケイマン、買うなら'06モデル、なんて書いたらさぞかしおじさん困るだろうなあ、なんて思いつつも、かなり複雑な思いのまま返却をすることになったのである。

PORSCHE CAYMAN S

プロフィール

2005年秋にワールドプレミアを飾った後、日本では06年1月からデリバリーを開始。そのため通例どおり一般に先立って配備された広報車はその直前、すなわち05年末に登録されていたわけである。ボクスターSが3.2リッターから3.4リッターに拡大されたのは’07モデルからだが、ケイマンSはそれに先行する形で最初から3.4リッターが搭載されていた。車重はオープンモデルと大差ないが、曲げ剛性で2倍、捩れ剛性で2.5倍も強化された。

コンディション

スペック：’06MY ケイマンS／6MT／走行28,000km

全長4340×全幅1800×全高1305mm　ホイールベース2415mm　トレッド前1485／後1530mm　車重1380kg　乗車定員2名　ミッドシップ縦置き後輪駆動　水平対向6気筒3387cc　295PS／6250rpm　340Nm／4400-6000rpm　マニュアル6段　前マクファーソンストラット、コイル／後ストラット、コイル　前ベンチレーテッドディスク／後ベンチレーテッドディスク　ラック・ピニオン／油圧アシスト　Yokohama Advan Sport 前235/35ZR19／後265/35ZR19タイア

価格／装着オプション（試乗時・消費税込み）

783万円／PCCB（142万円）、ラピスブルーメタリック（14.5万円）、オーシャンブルーレザーシート（24万円）、バイキセノンヘッドライト（16.5万円）、アダプティブスポーツシート（40万円）、フルオートエアコン（8万円）、19インチ・スポーツデザインホイール（33万円）、カラードクレスト付きホイールキャップ（3万円）、ぼかしウインドシールド（1.5万円）、3スポークレザーステアリングホイール（4万円）＝合計1069万5000円

体裁

今の家を設計するとき、最後まで悩んだのがゲストの車をどうするか、ということ。そんなものどうでもいい、と最初は言ったものの、よく考えるとどうでもよくない。なんだかんだと人がやってくる我が家ではないか。隣近所に苦情を言われるのはごめんだ。というわけで、なんとか家の前に3台は停められるスペースを確保した。これでも充分以上だと思うのだが、それでも足りなくなるときがある。他のお宅ではそういう時どうしているのだろう、とふと考える。まあ、よそはよそ、うちはうちだ。僕の場合、親しいやつを遠いパーキングに停めさせる。もっといっぱいになりそうなときは電車で来てもらう。これはごく当たり前のことだな。問題はそれが知人ではなく、業者関係、つまりカーテン屋だの設計士だのエンジニアだの、と車でなければだめな連中が一気に押し寄せてくるときだ。さすがに気が狂います。途方にくれる。うちからはみ出したトラックが道路を半分塞いで……なんてなると大声を出したくなる。「やめろー！」

そこまで神経質になることないじゃないか、と人は言う。でもね、やっぱりこういうことが一番気になるんです。僕の性格上。体裁屋ですからね、はい。

で、911である。997ということになるのか。知らない人が見たら、なぜ911が997なんだ、ということになるんだろうけれど、僕もいいかげんこの不親切なコード番号は何とかしたほうがいいんじゃないの、と思う。とにかく911、最新の911である。

真っ赤なポルシェ……ちょっと古いけど、そんな歌詞どおりのカレラが家にやってきたときはちょっぴり恥ずかしかった。借り物といえども赤は僕の趣味じゃない。そんな目立ちたがり屋じゃないし、第一ポルシェには似合わないと思う。それをさておいても最新のモデルなのに妙に心ときめかないのはどうしてだろう。いや理由は簡単だ。911はうちにも1台あるし、心の中で「所詮、素のカレラだろう」と思っているのである。いかんなあ。こういう発想では公正中立なんて絶対出来ないもんなあ。

青いケイマンSを名残惜しく感じるのをぐっとこらえながら、しばらくはこれと過ごすぞ、と心に決めて乗り込むと、インテリアはほとんどケイマンと一緒だ。センターコンソールなんてまんま、である。細々したところのデザインを何とか変えようとしているところがなんとも痛々しい。いっそのことまったく同じでもいいんじゃないの、とも思う。でも、オーナーのことを考えると、やっぱりちょっとでも違ったほうがいいんだろうな。僕はどうでもいいけど……。

さあて、と。違いを探そうとシートを下げていったら、それはすぐに見つかった。やっぱりフロントスクリーンが大きい。ケイマンから乗り換えると、クラシックというか、乗用車的というか、それだけのことでずいぶん印象は変わるものだ。そのかわり、ぐるりと見回して見晴らしは断然よろしい。こちらのほうが精神的なストレスは少ないことは、９９６オーナーの僕が保障しよう。９９６と比べてダッシュボードはぐっとモダンな雰囲気になったし、高級感は増したのだが、アメリカ的に華美になったとも言える。複雑だ。とはいえそんなことはポルシェ乗りにとってはディテールだ。走り出せば関係なくなる。

　さっそくキーをひねってエンジンをかけると、あら不思議。系統こそ同じ音色なのに、ケイマンと比べて聞こえてくる周波数帯域が違う。つまり、エンジン位置、ボディの作り、その他が違うことでこんなにも音は違って聞こえるってことなんだな。ケイマンが迫力のある低音を主に聞かせていたとすると、こちらはもっとビューンという、いわゆる高周波を多く含んでいることがわかる。ある意味軽く感じさせる音だ。余談だが70年代の９１１がＳＣの時代までは低い迫力のある音色だったのが、１９８４年のカレラあたりからホンダエンジンのような軽い音に変わっていったことを思い出す。音は加速感をも変えてしまう重要なファクターであることを心に留めておきたい。

それと振動だ。ケイマンの室内が、アイドリング中振動からまったく開放されていたのに対し、こちらは絶えずぶるぶると細かい振動を伝える。振動がごくわずかだが低周波を呼ぶ。これもボディの作りゆえのことだろう。たいした違いではないにせよ、印象としては９１１のほうが不利だ。

そうそう、借りた個体はちょっとスポーティ仕様で、ＰＡＳＭのつかないＬＳＤ付きスポーツシャシー、スポーツクロノパッケージプラス、スポーツシート、そしてまたまた短いスポーツシフターという感じだ。19インチのカレラクラシックホイールは33万円のオプション。しめて１２０８万円なり。

走り出したとたん、これは硬い、と思った。このスポーツシャシー、どのくらい、どんなふうに硬いか……。最初のスポーツパッケージのケイマンより2段階は硬い。そして硬さの質としては角が丸くない、ということでわかってもらえるだろうか？　角が丸いのはタイアのゴム部分だけ、のような感じだ。だから街中ではまるで板の間のようだ。女子には嫌われる。しかし、さすがに９９６と比べるとボディのがっちり感は格段に上がっており、進歩のあとは一目瞭然だ。そしてセンターコンソール上のスポーツボタンを押すと、サスペンションは完全にＧＴ３のそれと同じ硬さになる……ってことはもはやＧＴ３なんていらないってことか？

でも乗り始めてしばらくのあいだは印象が悪かった。段差では大きいタイアが「ボコッ」と安っぽい音を立てるし、洗練されたイメージが少なかったからだ。しかし、ふと思い出してみると、９９６

の後期型では逆に妙にブッシュが柔らかくて、乗り心地こそよかったものの、飛ばすとこれが裏目に出て怖かった。箱根で大クラッシュしていたのも、この後期型のＧＴ３だったものなあ。

　ということで飛ばしてみると、どんどん目からうろこが落ちていくではないか。もう９９６後期型のあのへなちょことは別物だ。アメリカで受け入れられるかどうかは心配だけれど、ポルシェはこれでないとね。つまりタイアとドライバーがしっかりとしたものでつながっている感じがひしひしとする。アイドリングではボディを震わしていたものの、ひとたび速度が上がるとぐっと締まっていく。コーナリングではＬＳＤ付きのリアタイアが強引に路面を掻いていく様が圧巻だ。ケイマンと同じスピードのイメージなのにどんな状況でもスピードが高く保てたのは、多分、スタビリティが９１１のほうが高いこと。剛性感が高いこと。それに聞こえてくるエンジン音と、もちろんパワーのせいでもある。ケイマンＳでも素晴らしいパワーだったのに、こちらはさらに上手だ。マトリョーシュカ人形がだんだん大きくなっていくように、ポルシェのエンジンたちは相似形を保ったまま力を増していくように思える。ただし、エンジン音の迫力ではケイマンの勝ちとしたい。

　さて、ここでもう一度冷静になっていろいろと観察していくと、そう、タッチはステアリングも、ペダル類もシフトも、もちろんスイッチ類も完全にケイマンと９１１は同じだ。伝えてくるものも同じ。なのに飛ばせば飛ばすほど違う車に感じてくるところが実は一番興味深かった。常にスポーツカー的な何かを感じさせつづけるケイマン。飛ばすほどにバランスが取れてくる９１１。どちらも捨てがたい。

　ただこの赤の９１１で最後まで馴染めなかったのがスポーツモードというやつで、これはスイッチこそケイマンのそれと同じものの、パワーがある分だけずいぶんと印象が違った。アクセルに対する反応が過敏になりすぎるのである、演出過多とも言える。演出がないのがプロの道具と言ったばかりなのに、ポルシェまでもがこんなギミックをやる必要があるのか……とちょっと悲しくなった。そうそう、スポーツシフターも相変わらず、僕には不向きのようである。

PORSCHE 911 CARRERA

プロフィール

1964年以来、40年以上もの長きに亘って主役を務めてきたポルシェの看板モデル。車名は同じまま、これまでに5回のモデルチェンジを繰り返し、社内コードで997と呼ばれる現行型は2004年に登場したが、トラクション重視のリアエンジン方式と切れ味鋭いフラットシックス、剛性と実用性の高さを誇る2+2ボディは当初から一貫している。今ではシリーズ全体の性能向上を象徴するカレラの名がベーシックモデルにも付けられている。

コンディション

スペック：'06MY 911カレラ／6MT／走行16,000km

全長4425×全幅1810×全高1310mm　ホイールベース2350mm　トレッド前1485／後1535mm　車重1440kg　乗車定員4名　リア縦置き後輪駆動　水平対向6気筒3595cc　325PS／6800rpm　370Nm／4250rpm　マニュアル6段　前マクファーソンストラット、コイル／後マルチリンク、コイル　前ベンチレーテッドディスク／後ベンチレーテッドディスク　ラック・アンド・ピニオン／油圧アシスト　Continental SportContact2 前235/35ZR19／後295/30ZR19タイア

価格／装着オプション（試乗時・消費税込み）

1097万円／スポーツサスペンション& LSD（32万円）、ヒーテッドシート（前2席 7万円）、レザースポーツシート（12万円）、スポーツクロノパッケージ・プラス（13.5万円）、19インチ・カレラクラシックホイール（33万円）、スポーツシフター（9.5万円）、スポーツステアリングホイール（4万円）＝合計1208万円

９１１カレラＳ

真っ赤なポルシェと引き換えにやってきたのはシールグレイと呼ばれる上品なガンメタリックのカレラSである。僕の最も好きな色かもしれない。さらにこの車、インテリアが素敵だった。濃淡のグレイのレザーが非常にうまいことトリミングされており、スティッチワークの上品さともあいまって、ノーマルのそれとはずいぶん違う独特の世界を作り上げている。このバイカラーレザーインテリアのオプション価格55万円！ そのほか、アダプティブスポーツシート40万円、スポーツクロノパッケージプラス13万５０００円、ＰＣＣＢ１４２万円、スポーツエキゾーストシステム29万円、などをプラスしていくと１２９２万円の車が１６０２万円になる。こうやって数字を書いていくとポルシェはやっぱり高いです。信じられん。

ガレージに停まった佇まいが先ほどまでの赤と違って見えるのは、こちらはスポーツシャシーではないので車高が若干高いことによるものだろう。そりゃあ低いほうがかっこよく見えます。さて、ではと乗り込んでキーをひねってびっくりした。「ファン！」という短い叫び声がまるでレーシングカーのそれだったからだ。55万円のインテリアといい、29万円のこの音（スポーツエキゾーストシステム）といい、ポルシェは罪なことをやる。もし、このまま子供っぽい音を響かせっぱなしだったら、

躊躇なくノーマルエキゾーストを選ぶところだが、これは違った。アイドリングではわからないくらい控えめで、パートスロットルでも非常に静かだ。強く踏み込んだときのみ、レーシーな音を響かせるこれは実にリーズナブルなオプションかもしれない、と返却するときに思った。いや、ノーマルではもう物足りないかもしれないな。

ショートシフターでないシフトはするりと入って、やっぱりこっちはノーマルがいいと思う。昔話だが、以前僕が持っていた９６４ＲＳで、停止しようと3→2→1とシフトダウンしようとしたところ、最後の1のところで路面が荒れていて、揺すられた瞬間リバースに入ってしまい、そのままレッカー移動という苦い思い出がある。リバースは左上でないか、または押すか引くかしたほうがいいと思うのは僕だけだろうか。

走り出すと、赤のカレラとはずいぶん違う乗り心地であることがすぐに分かった。赤はそうとうスパルタンだったのである。それに引き換え、こっちはずいぶん平和だ。硬いのは硬いのだが、サスペンションは少しだがちゃんと動いている実感がある。一瞬後期型の９９６が頭をよぎるが、いや、それとはやはり違う。動きに無駄がない。で、そのまま首都高に乗った。３号線は意外に空いており、それなりのペースで走ると、今度は目地段差でのタイアの動きがあまり洗練されていないのにちょっとがっかりした。ステアリングの向こうでぶるぶると揺れているのがわかるのだ。やはり19インチは大きすぎるのでは……。まあ、車の印象というものはそうやって刻一刻と変わる。それにこちらも一喜一憂である。

エンジンは、といえば、カレラのそれをさらに太らせた印象だ。パワーというよりもトルクの厚みを感じる。どこからでももりもりと力が湧いてくる。気がつくととんでもないスピードになっていたりするのはこのエンジンのせいでもある。カレラの2割増し、といっておこうか。こんな力を持ちながらも安心して飛ばせるのは、やはりシャシーがそうとういいからだ。タイアのばたつきもいつしか感じなくなっていた。

翌日はちょっと高級なクーペに箱根で乗る、という企画で、僕はこのカレラSで箱根に向かった。行きがけに感じたのは、赤のカレラよりもさらに高いスタビリティと、フレキシブルなエンジン。911らしい911で、一般道でもっとも使えるポルシェはこれじゃないか、なんて密かに思い始める。これならロングドライブも全然苦にならないだろう。

到着したところでメルセデスCL550、アルピナB6、ジャガーXKRと次々に乗る。ああ、ポルシェは乗り心地が悪かったんだな、とつくづく思う。それくらい、このラグジュアリークーペたちの乗り心地はいい。別ジャンルだ、というのは心のなかではわかっていても、どうしても並列で比べてしまう自分がいる。さんざん乗った後で、自分の、いや、借り物のカレラSに乗った。予測では、かなり野蛮な印象を持つだろうと思っていたら、それがまったくそうではなかったことにびっくりした。だってそうだろう。ベンツの、いや、ジャガーのあとの９１１だ。さんざん試乗疲れの体で、これは辛いだろうと想像してもおかしくないはずだ。カレラSのそれらとの違いは、まず正確なこと、脚色がないこと、ボディが強固なこと、そして素早いことだった。付け加えておかなければならないのはＰＣＣＢの素晴らしさだ。ケイマンではさほどありがたみが感じられなかったこのＰＣＣＢ、力のあるカレラSとの組み合わせでは文句のつけようがないほどよかった。踏力は自然で効きもすばらしく、どこまでも信頼して踏んでいけるのである。取材のほかの車たちのブレーキもよかったのだけれど、これに比べればディスカウントショップのブレーキである……なんて言ったら、さすがに言いすぎだな。

　こうして、都心に着く頃にはかなり心を動かされていた。これはどういう９１１か、といえば、ミドル級の力持ち。もちろん俊敏ではあるがフライ級ほどではない。かといってヘビー級ほど鈍重でもない。筋肉は締まっているが柔らかく、表面にはうっすらと脂肪の層がある。だから体力もあり、フルラウンド戦ってもまだまだ余裕がある。値段が近いラグジュアリーな連中が大振りしているあいだに、数発のジャブを決め、最後にはストレートで倒すという技巧派である。気も優しいから一緒にいて疲れない。つまり、９１１好きでこれ1台で暮らそうという人には最高の1台である、という結論に達した。

PORSCHE 911 CARRERA S

プロフィール

もともと高性能な911の排気量をさらに200cc拡大したカレラSは3.6リッターのノーマルとともに996から997へのモデルチェンジ当初からラインナップの一翼を担っていた。同じカレラを名乗りながら2種のモデルが存在するのは長い911の歴史の中でも初めてのことである。スケールアップの方法は82.8mmのストロークはそのままに、ボアだけを96mmから99mmに拡げたもので、11.3から11.8に高まった圧縮比と併せ、+30PSと+30Nmを獲得した。

コンディション

スペック：'06MY 911カレラS／6MT／走行17,000km
全長4425×全幅1810×全高1300mm　ホイールベース2350mm　トレッド前1485／後1515mm　車重1460kg　乗車定員4名　リア縦置き後輪駆動　水平対向6気筒3824cc　355PS／6600rpm　400Nm／4600rpm　マニュアル6段　前マクファーソンストラット、コイル／後マルチリンク、コイル　前ベンチレーテッドディスク／後ベンチレーテッドディスク　ラック・アンド・ピニオン／油圧アシスト　Michelin Pilot Sport 前235/35ZR19 87Y／後295/30ZR19 100Yタイア

価格／装着オプション（試乗時・消費税込み）

1292万円／PCCB（142万円）、シールグレイメタリック（14.5万円）、ヒーテッドシート（前2席 7万円）、レザースポーツシート（12万円）、スポーツクロノパッケージ・プラス（13.5万円）、19インチ・カレラクラシックホイール（6万円）、フルカラードクレスト付きホイールセンター（3万円）、バイカラーレザーインテリア（55万円）、アダプティブスポーツシート（40万円）、スポーツエキゾーストシステム（29万円）＝合計1602万円

911カレラ4S

さて、このポルシェ企画もそろそろ終わりが見えてきた。あと2車種。あれ、オープンもタルガも、それにボクスターも入っていないじゃないか、といわれるかもしれないな。どうも今までの経験から、オープンボディはある意味気持ちよくはあっても、走る性能としてプラスにはならないと思う。ポルシェ乗りの行き着く先はやっぱりクローズドボディである。それもサンルーフなし、というのが正しい。

で、この４Ｓ。コバルトブルーメタリックというちょっと明るめの青に、例のバイカラーレザーインテリア、スポーツクロノパッケージに19インチホイール、カーナビのかわりにボーズサウンドシステムという20万円のエキストラのカーステレオがついている。なるほど……そういう嗜好の人もいるのね。それよりなによりもこの車、今回初めてのＡＴである。スキーヤーズエクスプレス、といったイメージなんだろうか。ちなみにオプションを含めて１６１３万円、である。

ノーマルエキゾーストでのエンジン始動は、さすがにドラマチックではないが、まあこれはこれでよしとしよう。高いカーステレオが台無しになるかもしれないから。でもって、走り始めた瞬間に、この車は今までのどのポルシェとも違うことに気付いた。まず、ステアリングが重い。先入観を差し引いても前輪に何か引っかかっているような感じがする。つまりごく低速でもアンダー（?）、昔で言うところのブレーキング現象の軽度なものを感じるのである。さすがに散々これまで後輪駆動のポルシェばかり乗ってきて、ぽんと乗り換えた直後なのでフェアな感覚とは言いかねるけれど、それでもこの手ごたえは少々違和感を感じる。慣れるのか……？　というのが今回のテーマかもしれない。慣れる慣れないでいうのなら、ティプトロニックＡＴも課題のひとつである。

　最初の数分、いや初日ははっきり言って僕はどちらにも慣れなかった。ハードなコーナリングでは粘ってはくれるものの、前後のタイアの連係プレイに繊細さを欠き、まっすぐ行こうとする車をドライバーは力ずくでステアリングでねじ伏せるような、そんな印象を持った。それでは直線ではいいかといえば、これまた妙な違和感がいつも付きまとい、それが気になって後輪駆動ほどスムーズに走れなかった。ＡＴは重いスロットルペダルとあいまって、妙に鈍重で、マニュアルモードでいくら回転を保っても、カレラＳとはまったく別物の印象である。それに、いまや5速は5速でしかないからつながりがスムーズさに欠ける。特に４速から３速が開きすぎていて使いにくい。こうしたいくつかの違和感が重なって、僕にはちょっと野蛮な乗り物に感じた。いや、それは逆だろう、という意見があるかもしれない。トリッキーな動きをする後輪駆動こそ野蛮だろう、と。それにＡＴはＭＴよりもずっと進歩的ではないか、と。確かにそうかもしれない。しかし４輪駆動の進歩は著しく、ポルシェの運動性能に見合ったスムーズな作動システムはもっとあるはず。それは数日後にやってくるターボを待ってみたい、と思った。それと、ティプトロＡＴはもはや、次世代のＰＤＫ、すなわちツインクラッチ式のセミＡＴ待ちの状態にあるのではないか。そうなれば印象はぐっと変わってくるように思われた。

２日目、僕は高速道路を中心にいろいろと走ってみたのだが、印象はかわらず、もっとも期待していたポルシェがもっとも期待はずれな結果に終わってしまった。とにかく、これはスキーヤーズエクスプレスではないことだけははっきりした。それでは何か……しいて言うならばポルシェ入門編ではないだろうか。プライスを考えるとそれも変な話だが、でも、これでポルシェを覚えるというのはありかもしれない。ちなみにこの個体は２８０００キロ近く走っているにもかかわらず、まるで新車。というより最後まで新車だと思って疑わなかった。みしりとも言わないし、かっちりしたまま。ケイマンもそうだったけれど、現代のポルシェは10年前のポルシェと比べたらそこらへんが一番違うのかもしれない。

PORSCHE 911 CARRERA 4S

プロフィール

RWDのカレラ／カレラSから後れること1年、2005年に追加された4WDのカレラ4／カレラ4Sはシステムの要であるセンターデフにそれまでの996と同じビスカスカップリング方式を踏襲した。軽量かつパワーロスが少ないのが特徴で、常時前輪に全トルクの5％以上が配分され、最大40％までの間で変化する。RWD系とはトレッドの数値も異なり、リアは1セクション以上広いタイアやそれをカバーすべくグラマラスなフェンダーが装着された結果、全幅が40mm広い。

コンディション

スペック：'06MY 911カレラ4S／5AT／走行27,000km

全長4425×全幅1850×全高1300mm　ホイールベース2350mm　トレッド前1490／後1550mm　車重1560kg　乗車定員4名　リア縦置き4輪駆動　水平対向6気筒3824cc　355PS／6600rpm　400Nm／4600rpm　オートマチック5段　前マクファーソンストラット、コイル／後マルチリンク、コイル　前ベンチレーテッドディスク／後ベンチレーテッドディスク　ラック・アンド・ピニオン／油圧アシスト　Michelin Pilot Sport 前235/35ZR19／後305/30R19タイア

価格／装着オプション（試乗時・消費税込み）

1472万円／コバルトブルーメタリック（40万円）、2トーンカラーレザー（55万円）、ヒーテッドシート（前2席 7万円）、BOSEサラウンドサウンドシステム（20万円）、スポーツクロノパッケージ（13.5万円）、19インチ・スポーツデザインホイール（6万円）＝合計1613.5万円

９１１ターボ

そしていよいよターボがやってきた。0-100キロ加速3秒台という怪物が。うちまで届けてくれたおじさんがなかなか降りてこないと思ったら、携帯電話が車内ですっ飛んでしまったという。いったいどんな運転をしたんだ……？

とにかく、冷静に夜になるまで待って、そこからおもむろに確かめてみようと思った。まず、だ。ＡＴのこれはエンジンをかけるとアイドリングが他のどのポルシェよりもうるさい。こもった低音が鼓膜の奥を揺らす。これはちょっと驚きだ。ＧＴ３の対極にあるようなもっと洗練された乗り物を想像していたからだ。渋滞ではこれが苦痛になるかもしれない、などと思いながらゆっくりとガレージを出ると、あらっ、４Ｓとはぜんぜん違うステアリングフィール。これはむしろ後輪駆動のそれに近い自然な感覚じゃありませんか。どんよりとした曇りがない。ほらね。これがやりたくてポルシェはあえて新しい四駆システムを開発したのに違いない。カレラ４、４Ｓのオーナーには申し訳ないけれど、これじゃなくちゃ。そう思うと乗り心地までもが重厚なのにすっきりと切れ味よく感じるから不思議だ。パワーはまさに溢れるかのよう。ちょっとでもアクセルを強く踏もうものなら、瞬時に太いトルクでぐっと体を持っていく。ちっともＡＴのもどかしさがない。低速走行時でさえこれだから、いったい高速道路で床まで踏んだらどうなっちゃうんだろう、と不安にもなる。

とりあえず東名に乗った。温まるまで左車線をゆっくり流していたら、どこからともなく「キィーン」という飛行機のジェットエンジンのような音が聞こえる。久しぶりに聞いたポルシェ・ターボの音である。このままゆっくり走っているのも悪くない、と思わせるのはいい車の証拠だ。低速でもきっちりと密度が高い。もちろんこんな速度域では車は安定しきったままだ。まさに路面に吸い付いて走る四駆のいいところばかりが目に付く。電子制御のデフがシームレスに駆動配分を変えているのが見えるようだ。

料金所を過ぎたところで、深く踏み込んでみることにした。０-１００キロを５秒台で走る車にはしょっちゅう乗っている。４秒台にも慣れている。では3秒台は……？　踏み込んだとたん、車は「ゴーッ」というまさに離陸するジェット機のような音を立てたかと思ったら、恥ずかしいことに視界が消えていくではないか。これにはびっくりした。一般道でこんなことがあってもいいのか……。3秒台、恐るべし。４秒台とはまるで別の世界である。これだけで２０００万円の価値がある、と個人的には思った。この非現実的な世界がこの値段だったら絶対に安い。ちなみにオプションはＰＣＣＢの１３５万円、スポーツクロノパッケージプラスの27万円、アダプティブスポーツシートの34万円というのが大きなところで、全部合わせて２０９２万円という価格である。ここまでするならＰＣＣＢ以外は全部標準にしろよ、といいたくなる。まあいい。

翌日、混んだ都内をうろうろと徘徊してみた。マナーはアイドリング時のエンジンのこもり音以外は完璧かもしれない、と思った。もっともうるささに耐えられなくなったらＮに入れてやればそれで済む話だ。回転が少し上がっただけでこもり音は消える。それよりなにより、のろのろと進むだけでも車の緻密さが伝わってくるのがいい。アルミドアをはじめとするいくつかの専用パーツと、ひょっとすると組みつけにいたるまで上等なのかもしれない。これまで借りたどのポルシェも（スポーツシャシーのカレラを除けば）締まった筋肉質な乗り味なのだけれど、これの筋肉は特にしなやかな気がする。車重のせいなのだろうか。

首都高に乗った。普通に走るのにはノーマルモードで充分。スポーツモードにしても若干足が硬くなる程度で、激しく性格が変わるところがないのがこの車に合っている。アクセレーターのマッピングチェンジもうまいことトルコンが吸収してくれるからやりすぎな感じもしない。しかし目地段差のあるコーナーをがんばって攻めてみると、さすがにこんな車でも演算が追いついていかないのか、迷いながらコーナーリングしているようなところも見受けられた。数年後のターボではこういうところがもっとスムーズに改善されるのか、それともそれはターボドライバーに課せられた最後の仕事なのか……。課題というにはあまりにも高みにある課題ではあるが。

ターボがあった数日間、いろいろなことを考えた。ＧＴ３とターボ、どちらがいいか……これはよ

く耳にする質問だ。どちらもある意味スペシャルで値段が割合近いからだろう。これは個人個人の好みだろうが、ポルシェに何を求めるか、で見えてくる世界はずいぶん違うと思う。それがモータースポーツであり、一般道でもびしびしとそれを感じていたいのなら、ＧＴ３がベストチョイスだと思う。ただし、公道ではあくまでも無理があり、その無理をドライバーが背負う覚悟があれば、だ。

純粋にベスト９１１を追い求めるのであればターボに決まっている。山道で冷や汗をかきながら、それでも頭は夢の世界で必死にコーナリングしているＧＴ３を涼しい顔でパスしていくのがターボである。涼しい顔といったってコーナリングがつまらないわけではない。どんな路面でもコンスタントに限界の高い９１１である、というだけだ。

不思議なことに街中での押し出しもずっとターボのほうが大きかった。絶大なるパフォーマンスに裏打ちされた安心感がそうさせるのか、ドライビングが丁寧になるせいか、周りにはひっそりと人ごみに混じって泳ぐ怪物が発するオーラが不気味に思えるのかもしれない。さすがに静かなチャンピオンである。

PORSCHE 911 TURBO

プロフィール

997ベースのターボは2006年に登場。3.6リッターの排気量に可変ジオメトリー式ターボチャージャー2基を組み合わせ、480PSのハイパワーを発揮する。0-100km/h加速は5ATのティプトロニックSで3.7秒、6MTで3.9秒と発表されている。注目は4WDシステムにかつてのスーパーカー、959同様の電子制御多版クラッチ式センターデフが採用されたこと。これにより、理論的には前後のトルク配分を0:100から100:0までの間で無段階に変化させることができる。

コンディション

スペック:'06MY 911ターボ/5AT/25,000km
全長4450×全幅1850×全高1300mm　ホイールベース2350mm　トレッド前1490/後1550mm　車重1620kg　乗車定員4名　リア縦置き4輪駆動　水平対向6気筒3600ccツインターボ付き　480PS/6000rpm　620Nm/1950-5000rpm　オートマチック5段　前マクファーソンストラット、コイル/後マルチリンク、コイル　前ベンチレーテッドディスク/後ベンチレーテッドディスク　ラック・アンド・ピニオン/油圧アシスト　Michelin Pilot Sport 前235/35ZR19 87Y/後305/30ZR19 102Yタイア

価格/装着オプション(試乗時・消費税込み)

1879万円/PCCB(135万円)、ヒーテッドシート(前2席 7万円)、スポーツクロノパッケージ・プラス(27万円)、バイカラーレザーインテリア(6.5万円)、アダプティブスポーツシート(34万円)、3スポークスポーツステアリングホイール(4万円)=合計2092.5万円

さて、結論

最新のポルシェ６台と暮らした１ヶ月間。他人からはさぞかし幸せだろう、と思われたことだろう。一般ジャーナリストたちも羨むような理想的な借り方が出来たのは本当によかったと思う。ふつうなら偉そうに、それぞれのポジティブ、ネガティブなんかを述べて後は読者に放ってしまうところだろうが、ここでは違う。だって、これは僕が超個人的な感覚で買い換えるならこれだ……という観点から見る企画だからだ。うそだろう、と思うならもう一度タイトルを見てほしい。職権乱用はうそじゃない。

まず、だ。ケイマンＳにはものすごく惹かれるものがあったけれど、日常の使い勝手の面から外してしまおうと思う。スポーツシャシーＬＳＤのカレラなら、今のままでいい。つまり買い換える必要はない。カレラ４Ｓは前記の理由から落ちる。残るのはカレラＳとターボということになる。さあ、こうなるとお財布との駆け引きとなる。１６００万と２０００万。異常な数字だ。少なくとも僕にはそう思える。ここまで来ると１６００万と２０００万の違いはほとんどない、といったらばかだろうか。試乗車のようにＭＴ、スポーツエキゾースト、そしてＰＣＣＢ付きのカレラＳは本当に魅力的だった。離れがたいと心底思った。でも、あえて、僕は同じ仕様のターボにしてみたいと思う。ＡＴでない分、アイドリングは静かなはずだ。それに、僕がかっとしたときにいろいろな意味で戒めてくれるのはターボのほうだと思う。こんな車で路上でアクセルを踏みまくっているのはばかだ。きっと恥ずかしく思えるだろう。結果、自分を守ることになる気がする。ターボは本当によく出来た車だ。何よりもバランスがいい。そして何よりも最新の９１１であると断言できる。後輪駆動のスリリングな動きこそがポルシェだというのなら、コイルバネ以前の昔のポルシェにでもお乗りなさい、といいたい。今回、ターボこそがポルシェの真骨頂であり、ＧＴ３はイメージカーであるということがよくわかった。あ〜あ、そんなことわからなきゃよかった。なんとも複雑な気分である。

カーナビ

カーナビはもはや車にとってはなくてはならないものになりつつある。今後ますますそうなるだろう。しかし、僕はカーナビとの相性が極めて悪い。なぜだろう。まず、メーカーによって操作の仕方が違うのが気に入らない。笑われそうだが、ＢＭＷ１３０ｉのカーナビでまともに行き先を入力できたためしがない。なんだあれは！　と怒ってみても仕方ない。トリセツを読まない僕が悪いのだから。とはいっても、あんなに分厚いもの読めるもんかい！

では入力できたとしよう。まず、ちゃんと入力できたかどうか、僕はいつも自信がなくなる。昔、ちゃんと入力したはずなのに、前の登録データが残っていたか何かで、やっぱりおかしなことになってひどい目にあった。その前はというと、「ツインリンクもてぎ」

に行く途中、畑のあぜ道に案内され、なすがままに行って、当然のことながら行き止まりになってひどい目にあった。それも3回くらい、違うカーナビでやられると信用も出来なくなるというものだ。

　でも一応僕はトライするのである。心を落ち着かせて、トリセツとにらめっこしながら目的地を設定する。ここへ行く、というボタンを押し、しばらく待って「音声案内を開始します」という声を聞いてから車をスタートさせる。ここまでは普通だ。

　しかし家を出て、最初の曲がり方から違うと、それでもうだめなのである。信頼が崩壊していく音が聞こえるようだ。「３００メートル先右です」「うそいえ！」「この先しばらくまっすぐ」「違うね！」

　こうして、僕は知っている道だけを頼りに、ものすごい時間をかけて目的地に到着するのである。石器時代の人になったような気分だ。

ドライビングシミュレーター

2006.10

レクサスＬＳを借りた。もう、これ以上ないくらい想像通りだった。うちの前に停めたそのたたずまい、メタリックの鈍いひかりかた、大きさ、リモコンでドアを開けるときの感じ、ついでにドアを開けるときのフィーリング、室内の匂いにいたるまで、これまでモータージャーナリストをやっている人なら、いや、これまでセルシオやクラウンに乗り継いでいる人なら、必ず想像通りなはずだ。どこも裏切らない。まさに正常進化。これでいいのか？　とさえ思った。だってつまらないじゃないか。どこか、ガツンと新しさを見せてくれよ……というのが個人的な意見だ。ライバルのメルセデスやＢＭＷたちはモデルチェンジのたびに必ずどこか違和感を覚えるほどの新しさをプレゼンテーションしているのに……。この保守的な感覚こそがこの車のすべてを物語っているように思う。守りの車。それも磐石なほどにきっちりと守りを固めた車、と僕は位置づけたい。うーん、日本的だなあ。いい意味でも悪い意味でも。

さて、いまさらこの車の説明をする必要はないだろう。とにかくレクサスの本命、である。なぜレクサスが立ち上がった年にこの車が出なかったのか、という議論はあるようだが、真偽のほどはわからない。ビジネスとはこういうものなのかもしれない。そして目論見どおり、かどうかはわからないが滑り出しはいたって好調らしい。なにしろ借りているあいだ、不思議なくらい注目度が高かった（２００６年現在）。なぜ、先代セルシオとちょっとしか違わないのにみんなわかるんだろう……と不思議に思った。いや、こっちのほうが車に麻痺しているだけなのかもしれない。とにかく、渋滞でも、交差点でも停まれば誰かにじっと見られていた。

ＬＳは動き出す瞬間からＬＳである。これまた想像通りなのである。スムーズ、である。スムーズ、という言葉では大雑把過ぎるなら、人工的なほど繊細なスムーズさ、とでもいっておこうか。気持ち悪いほど均一な糸で出来上がっているようなスムーズさだ。それはエンジンのフィーリングしかり、そしてサスペンションのフィーリングしかりである。油くさいものなど一切存在しないかのようだ。リアリティがない、とも言える。ステアリングに伝わってくる路面情報は確実にあるのに、なぜかリアリティがない。いや、リアリティを感じない。だからそれが渾然一体となったドライブフィーリングは世界のライバルたちと比較しても実にユニークというかトヨタ的というか、これはこれでありなんだと思う。目隠しをしてエンジンをかけて、ステアリングをちょっと切っただけでこれは何の車か当てられる自信はある。ひょっとしたら誰でも当てられるんじゃないか、とすら思う。繊細でスムーズでもジャガーのそれとはぜんぜん違うんだよ。ジャガーがカシミアのセーターだとするなら、こちらはモニター上で見ているカシミアのセーター、だな。

アクセルを踏み込むと、意外なほどエンジン音は室内に入り込んでくると感じたのだけれど、それは先代セルシオが静かで、それ以上の静粛さを期待してしまう僕が悪いのかもしれない。この点だけは先代から大きくは進歩していない部分だろう。ただし、パワーの盛り上がり方は先代よりもずっとドラマチックだ。豪快、といいたいところだけれど、その言葉から来るイメージとはちょっと違う。もっとずっと静かで無機質である。そのまま法定速度を超えて踏んでいくと、ステアリングを通して伝わってくるものの線が若干細いことに気付いた。ヨーロッパに輸出されるのなら、もう少し骨太なフィーリングが欲しい。

　そしてそれくらいの速度域での乗り心地は実はあまりフラットではない。揺すられるほどではないのだが、池の小さな波紋のようなゆるやかな揺れが終始付きまとっていて、この点は要改良なのかもしれない、と思う。少なくとも、例えばメルセデスのEクラスにしてもSクラスにしても、高速域に於けるこの短い周期での揺れはほぼカットされているのだから。それを言うとトヨタは低速域ではレクサスのほうがぜんぜん乗り心地がいいはず、というだろう。どちらをとるか……それはユーザー次第だ。

　動的性能で一番進化したのはコーナリングだろうか。先代とはだいぶ次元が違うように感じられた。まず鼻先が軽い。ノーズダイブが少ない。ロールが少ない。コーナリング中のバランスがいい。おかしなことをやってもちゃんと想像通りの動きをする……などなど。スポーツカー顔負けのハンドリング、といってもいいんじゃないか。だからといって楽しいか、といえば、それはそうでもなく、なんだかリアリティのないテレビゲームの世界にいるみたいなのは同じだ。だから時々怖かった。つまり、ゲームの世界と錯覚する自分が怖かったのである。

　数日間この車と暮らしてみて、ストレスがなかったかといえばそうでもなかった。運転そのものは実にイージーだ。親切装備は満載だし、操作系はすべて人間に優しい。大きさだって、まあ小さくはないものの取り回しは楽なほうだろう。どこをとってもライバルたちより楽なはずなのに、実はそうでもなかったその理由は、運転そのものから来るストレスは車では解消できない、という事実じゃないだろうか。ＬＳにもっとも合っている環境は、自動運転システムが出来上がった未来の道路じゃないか。こういうところで足を組みながら新聞を読んでいる姿こそがＬＳにもっとも合っているように思った。ま、誰かうまい人に運転してもらって……でもいいのだけれど。

LEXUS LS460

プロフィール

メルセデスのSクラスに相当するレクサスの看板モデル。国内では2006年9月にモデルチェンジしてレクサス・チャンネルに移るまではトヨタ・セルシオとして売られていた。レクサスLSとしては通算4代目だが変更の規模は今回が最も大きく、プラットフォームをはじめほぼすべてのコンポーネンツが一新された。そもそも1989年デビューの初代が周到な準備と入念な作りでそれまでヨーロッパ製高級車の金城湯池だったアメリカ市場でたちまち人気を博し、かのメルセデスを震撼させてその後の車作りに多大な影響を与えたのは有名な話だ。

コンディション

スペック：'07 LS460 version S・I package／8AT
全長5030×全幅1875×全高1465mm　ホイールベース2970mm　トレッド前1610／後1615mm　車重1980kg　乗車定員5名　フロント縦置き後輪駆動　V型8気筒4608cc　385PS／6400rpm　500Nm／4100rpm　オートマチック8段　前マルチリンク、エア／後マルチリンク、エア　前ベンチレーテッドディスク／後ベンチレーテッドディスク　ラック・アンド・ピニオン／電動アシスト 245/45R19タイア

価格／装着オプション（試乗時・消費税込み）

880万円／プリクラッシュセーフティシステム & レーダークルーズコントロール（27.3万円）、クリアランスソナー & インテリジェントパーキングアシスト（11.97万円）、パワートランクリッド（5.775万円）、オートエアピュリファイアー（4.2万円）、“マークレビンソン”リファレンスサラウンドサウンドシステム（35.7万円）、セキュリティカメラ & G-Security（8.4万円）＝合計973.345万円

タクシー（2）

たまに僕の生理にものすごくあった運転をしてくれるドライバーに当たることがある。僕にとってはその運転は水みたいであり、空気みたいでもある。運転、という存在感が消えるのである。それがしゃべりかけずに放っておいてくれるドライバーだと、あっという間に夢の世界に入ることが出来る。極楽だ……。と思っていると、ふと自分のいびきで目が覚める。まずいぞ、ドライバーには聞かれたに違いない。参ったな……とよだれをこすりこすりふと横を見ると、渋滞中の隣りのドライバーがこちらを向いている。あの顔つきからして、僕が誰だかわかっているのかもしれない。極楽も考え物である。

最高級は最高か？

2007.12

全くもってけしからんことに、この企画で原稿を書き始めてから3年がたった。げっ、である。3年といえば、最初の頃に書いた車たちはそろそろいい感じで中古車屋に並んでいて、こなれた価格で取引されている頃だ。全く何をやっているのか……。もちろんサボっていた僕が悪い。

さて、レクサスＬＳ６００ｈＬだ。もうこれ以上ありません、というくらい日本の技術の粋が注ぎ込まれた車。結果この値段になりました……といわれても、僕は納得しない。この値段は政治的につけられたプライスであり、もし時代が10年前だったら同じものが半額のプライスがつけられていたはずだ。値段の高いものが売れる、というロジックは高級時計も、車も、そして土地も全部同じ、というのが悲しい。今回はその値段の高級感が心理的にどんなものをもたらしてくれるのか……という興味も持ち込んでみた。

最初、ガレージにしまいこまずに表に堂々と停めてみた。うちにこんな車が停まっている、という気分はこれまた説明困難ないろいろなものが交じり合った気分だ。優越感？　もちろん。ベンツが買えるはずなのにあえてこれにした、というへそ曲がりの優越感はちょっと僕も共感したい部分でもある。輸入物至上主義なんてくそくらえ、である。それと通りすがりの人を威嚇するという気分もあった。いったい誰がうちに来ているんだろう……怖いからちょっと離れて歩こう、なんて。そんなことをうっすらと想像してしまう自分が情けないけれど、でもオーナーだったら間違いなくこの気分を楽しむはずだ。そう思うとこのデザイン、最初はぱっとしなかった記憶があるが、いやいやなかなか押し出しがあってよろしい。トヨタ、レクサスであることを打ち出すことが何よりも大事なのだから。

　薄い薄いカードをポケットに忍ばせて近寄ると、すうっとフェードインするみたいにロックが解除され室内灯が点灯する。まるで車が主人に気付いて身づくろいしているみたいだ。ドアを開けて乗り込むと、もちろんドライバー周りは普通のＬＳと違いは少ないが、後ろを振り返るとちょっと誰かに運転を頼んで寝て行きたい、と思わせるような贅沢な空間がある。特にこれはオプションの二人用のシート形状だったからなおさらである。ゴルフおやじにはもったいないけれど、でもゴルフ場の往復こそがこの車のもっとも似合う場所に違いない。都内を這いずり回るだけではもったいないだろう。

ハイブリッドは当たり前のように影の支え役で、気がつくとエンジンは停まっており、ふっと踏み込むと軽いショックを伴ってエンジンが目覚めるといった具合。軽いショックを感じてしまうのは、他がスムーズすぎるからに他ならない。そしてシフト手前にあるパワーモードに切り替えると、モーターはモーターであることを俄然主張するように、大きな大きなトルクで車を押し出す。トヨタの新しいハイブリッドはいつ乗っても未来的な感覚だ。動力関係の話を続けると、8気筒エンジンは想像通りデッドスムーズで、無段階変速機との組み合わせは絵に描いた餅のように滑らかではあるが、踏み込めばそれなりの音を発して加速していくのが意外、といえば意外かもしれない。この車で音をあえて聞かせる必要はないと思う。無音で走って欲しい。

それと、１００キロ程度のクルージングからシフトレバーを手前に引いてシフトダウンすると、タコメータの針が大きく跳ね上がって、意外なほど下のギアが離れていることにびっくりする。あれ、これは4速だったっけ、と思ったほどだ。しかしそこは無段階変速。専用のつなげ役の人がいるみたいに丁寧にやってくれるので安心だ。この車でそんな走りをする人間なんていない……かどうかはわからないが、手元でシフトダウンだけでも出来るパドルが欲しいと思った。

この車は結果4日間借りていたのだが、一番印象的だったのは乗り心地だろうか。第一印象はいかにもエアサスペンションとでも言いたげなふわつき、そしてダンパーが抜けたというのとも違う、揺れ残りだろうか。あ、酔うかも、と思った。運転していて酔ったんじゃ冗談にもならないが、それくらい演出的とも取れるほどのエアサスっぽさなのである。確かに速度を上げていけば収まっては来るものの、それでも自分の重い頭が前後左右にゆらゆらと揺れるのがわかったくらいだから、気持ち悪いといえば悪い。スイッチをスポーツモードに切り替えると、ふわつきは消えてくる代わりに硬い車特有のピッチングが顔を現す。中間はないものか、と思った。とはいえ、それは最高級の乗り心地を期待すると……というレベルでの話であり、ドイツのライバルに決して遅れをとっているということではない。むしろ、この宇宙感はアメリカ人が好む感覚かもしれない。そうだとすればまさに狙い通り、ということなのだろう。

　この車での一番の興味は、自分がどんなドライバーになるだろうか、ということ。結論から言うとＬＳ４６０に比べると普段はずっとおとなしくいられた。スタート時のアクセルに対するレスポンスが穏やかで、しかも例のハイブリッド感覚がそうさせるに違いない。夜の高速道路で思い切って悪いドライバーになって、車のあいだをすり抜けるような運転もしてみたが、しばらくして左車線をゆっくり走っている自分がいたから、そんな気分になる車、ということなのだと思う。もちろんやる気になれば、そこらへんの速い車たちを蹴散らすくらいは朝飯前で、峠道をタイアを鳴かせながら飛ばすのも苦にならない。まあ、最近の車で苦になる車なんて殆どないのだけれどね。それでも車そのものが重いことは重いから、そのハンディはついて回るのは当然として、そこらへんのインフォメーションもちゃんとステアリングに伝えてくるから、限界がどこなのか、いつ来るのか、素人でも安心して攻めていけると思う。クラッシュする６００ｈＬはわき見運転か、飲酒運転か、脳卒中かのいずれかだろう。

四輪駆動の具合も確かめてみたいところだったが、さすがに１５００万円の車で未舗装路に足を踏み入れるのはためらってしまった。雪が降ればいいのに……と思った。

ベンツ、ＢＭＷ、アウディ、ジャガーあたりと直接乗り比べをしてみたらどうなるだろう。超高速域での安定感ではアウディ、ベンツ、ＢＭＷ、そしてレクサス、という順になりそうだ。それが悪天候になると、四輪駆動のレクサスは多分……２位に浮上するだろう。アウディとレクサス、どちらもハイテク満載ではあるが、ニュアンスが全然違う車なのが面白い。例えば比べることになるであろうＡ８の12気筒バージョンとでは、個人的にレクサスをとりたいと思う。なぜなら、このレクサス、まだちょっとだけ未完成とはいえ、なんだか妙に味のある車だったからだ。しいて言うなら宇宙食だ。

LEXUS LS600hL

プロフィール

日本車の頂点を極める車。LS460をベースに5リッターまで拡大したV8と強力な電気モーターを組み合わせ、6リッター相当の圧倒的なパワーと格式を誇る。2007年5月の登場。立場上国産車でなければというユーザーはもちろん、輸入車からの乗り換えも多いといわれ、特に後者はハイブリッドならではの新奇性がアピールしたと思われる。発売後1ヵ月強で月販目標の300台を大幅に上回る5000台以上の受注を果たした。そのうち120mm長いLが45%を占め、全体の約3割が最上級の後席二人乗り仕様だ。

コンディション

スペック：'07 LS600hL "後席セパレートシートpackage"／CVT／走行8,000km
全長5150×全幅1875×全高1475mm　ホイールベース3090mm　トレッド前1615／後1615mm　車重2600kg　乗車定員4名　フロント縦置き4輪駆動　V型8気筒4968cc+交流同期電動機・ハイブリッド　394PS／6400rpm+224PS　520Nm／4000rpm+300Nm　電気式無段変速機　前マルチリンク、エア／後マルチリンク、エア　前ベンチレーテッドディスク／後ベンチレーテッドディスク　ラック・アンド・ピニオン／電動アシスト　Dunlop SP Sport MAXX 235/50R18 97Wタイア

価格／装着オプション（試乗時・消費税込み）

1510万円／—

無線
HINOMARU
174

ドリフト

箱根ターンパイクの「金魚」と呼ばれる中腹の駐車場で僕たちは撮影をしていた。ターンパイクは業界でも有名な撮影場所で、必ず誰かしらはいる。一般人を蹴散らすような運転をしているのは業界のやつだ。けしからん、なんていえる立場じゃないけれど、一般人はたまったもんじゃないだろうな。そうそう、下から上がってくると「金魚」の手前に左カーブの橋があって、ここは業界のやつがよく車をつぶすので有名なところだ。「金魚」で撮影していて「ぎゃーっ」というスキール音がすると、またか、とばかりにみんな橋に注目する。ちなみに3速全開でいけるくらいの中高速コーナーだろうか。

ある日、「ぎゃーっ」と音がして、その音がいつも聞いている音のさらに倍くらいの音で、これは異常事態だ、と思いながら橋を見ていたら、なんと橋を斜めに4輪ドリフトさせながら駆け上がってくるフェアレディZがあった。いっておくが、橋の下は100メートル以上はあろうかという断崖絶壁だ。そいつは「金魚」の前でぐいっと向きを変えると、今度は目の前を逆にドリフトさせながら右コーナーを駆け上がって見えなくなってしまった。いろいろなやつを見てきたけれど、こんなうまいのは初めてだ。そしてこんな命知らずも初めてだ。

あっけにとられていたら、一緒にいた、自称ドリフトに自信のある、というある編集記者があんなのは簡単だ、という。しかも、あれは橋の手前でフェイントをかけているからいんちきだ、という。橋の手前は見えないだろうと言うと、音でわかる、というのである。フェイントがなぜいんちきなのかはわからないが、その世界ではそういうことなのかもしれない。なにしろD1見に行ったことないからなあ……。

ちょっとすると今度は上からドリフトをしながら綺麗に橋のほうに消えていった。まるでさっきの逆さ回しを見ているようだった。密かに教わろう、と思った。どんなに腕力のあるやつなんだろう？しばらくしてスローダウンさせながらそのフェアレディが戻ってきた。降りてきたのは想像とはまったく違った、ひょろっと小柄で生気のない、見るからに不健康そうで貧乏そうなお兄ちゃんだった。

編集記者はびっくりするような笑顔で、拍手しながらお兄ちゃんを迎えた。「すごい、すごい！」僕はさっきまでとあまりに違う編集記者の態度にあっけにとられていると、そいつは、ちょっとばかにしたようなふうにこっちを一瞥し、タバコをぷか～っとふかした。気を吸い取られるかもしれない、と思った。それくらい不気味な感じだった。こいつは悪魔と取引しているのかもしれないな、と瞬間的に思った。悪魔のドリフトだ。

こいつがいんちきだと言っていましたよ、と言おうと思ったけど怖いのでやめた。

目立ちたいのならこれ……

2008.1

GT-Rがやってくるまで、指折り日数を数えた。たかが借り物の車である。それなのに、自分が買った車が納車されるときのような、いや、そんなもんじゃない、まるで初めてフェラーリを買ったときの、そう、あの納車のときにも似た興奮だった。借りる期間が短いからすぐに箱根に、なんて思わなかった。まず都内に出よう。どれくらいの羨望の目にさらされるのか、この目で確かめてみたい……。いや、それもちがう。単純にGT-Rを見せびらかせたかったのだ。

２００８年1月現在。GT-Rはそんな車なのである。そう、フェラーリよりもランボルギーニよりも、ブガッティよりも、もちろんポルシェなんかよりもずっと注目の的。日本でもっとも輝いている車なのである。なぜか……。車に力が入っているのは言うまでもない。大きかったのは宣伝の力だろう。メディアの使い方は実にうまいと思った。メディア側の人間でさえ、思わず踊ってしまうような、狡猾な、そして計算された宣伝だったと思う。

そしてGT-Rが初めて僕の前に姿を現したとき、ちょっと感動をした。写真と同じだ……。まるでガキみたいな感想で申し訳ないけれど、それが正直な感想である。自分をクールダウンさせれば、実は興味の対象外の車かもしれない。だって、どんなに切ったり貼ったりして、バージョンアップしたところでスカイラインの流れではあるだろう。ということはある程度の予測がつくということだ。ポルシェ・ターボを仮想敵に仕立てて開発したというところも興醒めだ。志はもっと高いところに持って欲しいじゃないか。

　そう、よく考えればそうなのに、この心躍る感覚はやはり宣伝によるものだ。潜在心理というものは恐ろしい。それはともかく、このGT-R、エンジン音を外で聞く限り、非常に高精度な音を放つ。ぐっと押さえた音量がかえって凄みが効いていていい。テールパイプに続く排気系統の設計、材質のよさがそれだけでもわかるような音である。なかなかいいじゃないか……。担当者にガレージに入れてもらってしばらく深呼吸。そして運転席に乗り込む。意外とタイトだ。髪の毛が天井に触れそうなくらいヘッドルームは少ないし、グラスエリアがさほど大きくないので圧迫感もある。斜め後方視界が少し心配だ。とはいえランボルギーニをはじめとするいわゆるスーパーカーのそれとはまったく違う。チルトとテレスコが別々になったレバーを動かしてステアリングを調整すれば、恐れる必要のないことがすぐにわかる。

　キーは日本車には多いスマートキー方式。ポケットに忍ばせているだけでいい。エンジン始動はサイドブレーキ横のスタートボタンを押すだけである。スターターモーターがゴロンと回ってエンジンに火が入る。その一連の音、そして振動は確かに今までの日本車にはなかったものだ。ひどく硬質で腹に

響く。ランボルギーニ・ユニットを移植したのか、と錯覚を覚えたほど。これが例のＶＱエンジンの派生型だというのだからびっくりである。もっとも構造上はずいぶんと違うらしいが。

　硬めのシフトレバーをＤレンジに入れてアクセルに足を乗せる。アクセルペダルはスポーツカーらしく硬めである。エンジンは間髪を入れずに吹け上がろうとするのだけれど、クラッチが抵抗をする。ほんの2センチくらい踏み込んだところでそれはガツンとつながった。やれやれ、こいつは手ごわいぞ。果たして都内に出てスムーズに走れるのか。結論から言えば、ここが最後まで気になった。レーシングスタートなら問題はない。大渋滞でクリーピングで走るのも問題なし。問題は普通に信号で発進をするような、そんな日常的な場面だ。クーッとエンジンがうなってガツンとつながって、抵抗に負けて少し失速気味になって、そこからもう一度ガツンとのけぞって、みたいな、何度やってもクラッチワークの下手くそなやつみたいな発進しか出来なかった。これも経験から言えば、ハードは半年で改善されるはずである。納車を半年も我慢が出来れば、だが……。

　しかし、走り始めてしまえばツインクラッチ方式のいいところばかりが目に付く。非常に骨太にシフトアップダウンを繰り返すさまは、ランボルギーニはおろか、フェラーリのＦ1タイプミッションより数段洗練されており、レーシングカーのそれを思わず思い浮かべる。シフトをマニュアルモードにして、トランスミッションのモードをＲモードにすると、さらに「クッ」とつながるようになり、気分は戦闘モードだ。それだけに発進のあたりにワーゲンのＤＳＧのような柔らかさがほしい、と思うのは僕だけではないはずだ。

乗り心地は……はっきりいって硬い。当たりを優しくする、という考えは最初からなかったのか、とにかく揺れはガツン、コツン、と直線的に伝わる。ただ、ボディが非常にしっかりしているのと、重量があるのとで、それ以上にはならないというところがみそだ。スポーツカーのトレンド系でもあるこの乗り心地、何に一番近いかといえば、半年前に借りていたポルシェ・ターボ。それも９９７のターボということに気付いたときには、なんというか、なるほどそういうことね、と思った。都心に向かう首都高でダンパーをコンフォートモードにしてみたら、今度は重量が災いするのか、揺れ残りを起こしがちになり、やはりＧＴ-Ｒに乗ったら男らしくスポーツで行くべきだ、とスイッチを戻した。もっともスピードが上がれば、ガツン、コツンもさほど気にならなくなるので、これでいいと思う。書き足しておくと、このあと自分のアウディＲＳ４に乗ったら、硬いと言われているあの車がまるで絨毯の上を走っているように感じたから、まあ、そのくらいＧＴ-Ｒは硬いということである。

ガツン、コツン、と伝えてくるのは乗り心地だけではなく、実はステアリングもそうだ。日産のスポーツカーたちは昔からこの傾向が強く、インフォメーションは豊かだが、それが洗練さをスポイルしていたともいえるが、ＧＴ-Ｒのそれは直接的ではあるものの、雑味が少なく、スポーツカーとしては理想的なステアリングのひとつといえる。レーシーで静かだ。個人的には直進からの切り始めはもう少しスローでもいいと思うが、コーナリングで切り込んでいくとちょうどよくなって、車にぴったりと合ってくるところはさすが、最新の、そして騒がれるだけある車だと思った。

　さて、車の印象の最後になってしまったが、パワーである。これまたうまく説明できないけれど、0-100キロが3秒台の加速というのは、3秒台の世界があるということらしい。戦闘機が飛び立つときをイメージするような加速感。ああ、平坦に言えばポルシェ・ターボのそれと全く同じだった。もし、目をつぶって耳栓をして、エンジンの音が後ろか前かわからないようにして全開加速をしたら、僕はどっちがどっちか当てられないだろう。それくらい加速カーブは酷似している。一方、ストッピングパワーの方も充分。ただ、個体差もあるんだろう、僕の借りた車は街乗りでは初期制動が強すぎて少々乗り辛かった。


　都心に向かう1時間弱のあいだ、想像通り、見たもの全員に振り返られるような、そんな世にも珍しい経験をした。少なくとも、幼児、年寄り、女性を除くほぼ全員が振り返っているのをバックミラーで確認した。誇らしいと思っていいのかどうか、でも今日1日だけ、ということであれば楽しい経験だった。毎日だとさすがに疲れることだろう。

　都心でかみさんを拾って家に向かった。立体駐車場から出てきたGT-Rを見て、彼女は「なんて派手な車なの!」と苦笑した。いい意味なのか、悪い意味なのか、その両方なのか、確認はしていないが、その後大口を開いて居眠りをしそうになる彼女をたたき起こしながら家路に着いた。「見られてるぞ！　起きろ！」

その後のGT-R

開発ドライバーの鈴木利男さんと話をした。ついでにクローズドコースをニュルブルクリンクに見立てて、同じようにドライビングしてもらった。ニュルではモードはすべてRモード、そしてトラクションコントロールはオフであったらしい。開発ドライバーに乗せてもらうのは、これ以上ない喜びである。つまり、このようにドライビングするように作られた車なのだから、それ以上のものはないだろう。ラップタイムだけだったら彼以上に走れる人がいるかもしれないが、そういうことではない。彼でなければだめなのだ。案の定、これまで経験したことがないほど、彼と、GT-Rの動きには一分の狂いもなかった。ステアリングの切り込み方も、戻し方も、スライドしているときの動きにも、無駄がゼロ。アクセリングもブレーキングも強く、しかし優しい。久々に感動した。ニュルブルクリンクにいらっしゃい、と誘われたが、確かにこのドライビングならば、数ラップくらいは同乗出来そうだと思った。彼は年末に発表されるライトウェイトバージョン（名前は一応伏せておくが）のテストをやっていて、それは別物なくらいいいそうだ。別物なくらい値段も高くなければいいが……。特にブレーキ周りがいわゆるカーボン製のものに置き換えられているらしく、そうとうフットワークがいいらしい。次はぜひそれで同乗走行をお願いしたいと思った。

車を降りてもう一度ＧＴ-Ｒを眺めていたら、この車の顔が利男さんの顔に似ていなくもない、と思えてきた。ＧＴ-Ｒってちょっと笑っているもんね。

NISSAN GT-R

プロフィール

先代のBNR34型スカイラインGT-Rから5年のブランクを経て2007年10月に正式発表。ユニットを一新し、格段の高性能化を果たした結果、もはやメーカーを、そして日本を代表するスーパーカーに成長したとして「ニッサンGT-R」を名乗る。事実、今回ボディはスカイラインと別物で、エンジンは2.6リッター直6から3.8リッターV6になり、さらには新開発の2ペダル／ツインクラッチ式シーケンシャルギアボックスを日本車として初めて後車軸直前に配したのも大きな特徴だ。前評判もあって発売とともにバックオーダーの山が押し寄せた。

コンディション

スペック：'08 GT-R／6AT／走行2,600km
全長4655×全幅1895×全高1370mm　ホイールベース2780mm　トレッド前1590／後1600mm　車重1740kg　乗車定員4名　フロント縦置き4輪駆動　V型6気筒3799ccツインターボ付き　480PS／6400rpm　588Nm／3200-5200rpm　2ペダル式ツインクラッチ・セミオートマチック6段トランスアクスル　前ダブルウィッシュボーン、コイル／後マルチリンク、コイル　前ベンチレーテッドディスク／後ベンチレーテッドディスク　ラック・アンド・ピニオン／電子制御パワーアシスト　Dunlop SP Sport 600 DSST 前255/40ZRF20 97Y／後285/35ZRF20 100Yタイア

価格／装着オプション（試乗時・消費税込み）

777万円／BOSEサウンドシステム（31.5万円）、特別塗装色（ホワイトパール 3.15万円）、フロアカーペット（12.6万円）＝合計824.25万円

高級な薬物

2008.2

GT-Rを借りるならぜひIS Fも借りたいのですが……と担当者に相談した。もちろん借りましょう、ということになったのだが、これがまた人気者でスケジュールがなかなか取れない。微妙な2日間をやっとのことでキープしてもらった。

さて、結論から書いてしまおうか、それとも経過を書いていこうか、なかなか複雑な心境だ。というのも、第一印象は決してよくなかったからである。単なるISの高性能版、というのが第一印象なのだが、返却し終わった今では、大いなる尊敬の念を抱いている。プリウス、レクサスLSが世界に向けたひとつのトヨタの顔だとすると、これもまた世界レベルで誇れる車だと思う。いや、個人的に欲しい車の1台になった、といったほうがいい。

担当者に届けてもらったのはホテルの地下駐車場。薄暗い駐車場にたたずんでいたIS Fはさすがに他の車両と違う凄みを放っていた。微妙なフェンダーフレア、大きくてマットなホイール、特徴的なテールパイプ、などにどこかレースの匂いを感じさせる。これみよがしに見えるか、控えめに見えるかは人それぞれかもしれない。ただそこはメーカーの純正だけあって下品ではないことは確かだ。

ドアを開けて乗り込むと、けっこうな閉所感があってびっくりした。そう、ノーマルのＩＳだったらだいぶ前に長いこと借りて、もう体が覚えていたはずなのに忘れているのである。人間の記憶力なんてそんなものかもしれない。

グラスエリアの狭さにちょっと戸惑いながら雨の芝公園界隈に乗り出した。エンジン音は、このての車にありがちな低くうめくような音。これをわざと聞かせているのが面白くない。トヨタ、おまえもか……と思う。高性能ぶるんじゃないよ。その代わりアクセルは比較的鈍感に仕上げられていて、ちょっと踏んだだけでは飛び出していかない。そこがなんとも不気味だ。この奥にはいったいどんな世界が待っているのか、それとも待っていないのか。

最初の数メートルでこれはＧＴ-Ｒのライバルではないことがわかった。コンセプトが違うのである。ステアリングの手ごたえも、振動の仕方も、操作に対する反応も、ダイレクト感はあるものの角が丸められているのだ。ＧＴ-Ｒが走るストイックなマシンに限りなく近いものだとすれば、こちらは公道でのパフォーマンスを第一義に考えてある、といったところだろうか。両車に共通しているのは、街中で決してきびきびしている車ではない、ということだ。高性能車とはそういうものである。

そうそう、ＧＴ-Ｒと決定的に違ったことは、誰もが振り返りもしなかったことだ。素のＩＳと思われたのかもしれない……。

僕の頭の中は必死に演算を始める。つまりこの車のジャンルはどこなのか……。ふっと思い浮かんだのはＢＭＷ Ｍ３、そしてＡＭＧ Ｃ63。多分、最初に思いつくのは誰でもこれだろう。ＦＲで、高性能で、比較的コンパクトなセダンベースとなれば、他に思いつくものがない。それらに比べてどうか……Ｃ63はこの時点でまだ乗っていないのでわからないとしても、先代Ｃ55を思い浮かべる限り、街中でもっともスパルタンなのはこのＩＳ Ｆである、と思われる。角は丸められてはいるものの、骨は太く、接続部分がぎゅうっと締め上げられている感じだ。

しばらく乗っていて気がついたのは、車両コントロールのスイッチが目に付くところにない、ということ。いわゆるモード切り替えの類である。ようやくステアリングポスト左下にＶＤＩＭの切り替えスイッチを１個発見。何と控えめなことか。こんなところにこの車のコンセプトを感じる。ＧＴ-Ｒとは違うのである。

そのＶＤＩＭのスイッチをスポーツにして高速のランプを駆け上がるとき、４０００回転くらいからだろうか、クワーッというようなエンジンの吼える音が聞こえてきた。予想はしていたものの、ちょっと笑った。まるでどこかにテープレコーダーが仕込んであって、ある程度踏み込んだときにプレイバックが始まるみたいな不自然さだったからだ。とはいえ、加速はかなりすさまじいものがある。バキュームで吸い込まれるようだ。一瞬恐怖を覚えるようなこの感覚が快感でもある。

その一方で高速道路での印象は複雑だ。一定速で走っていることにちょっと苦痛を覚えるタイプかもしれない。トヨタ車の常で、口数の多い車ではないから、最初、どうしたって退屈に感じる。だん

だんアクセルを踏み込みたくなる誘惑に駆られる。ひとたびアクセルを踏み込むと、そりゃあもう、GT-Rに勝るとも劣らない加速を見せてくれるから爽快そのものだ。子供っぽい音の演出にも目をつぶろうというもの。さらにはトルコンATとしては異例にスポーティで、ポルシェのティプトロニックが昔のATに感じるほどスピーディなシフトを繰り返してくれるから、高速道路の悪者に簡単になれてしまう。さらにそれに輪をかけるのがステアリングのクイックさで、アメリカ映画のカーチェイスシーンのように、車と車のあいだを縫って走るのは朝飯前だろうと思われる。ただ個人的にこのステアリングはもっと高速で鈍であって欲しいと思った。

　CG誌によると高速での乗り心地の悪さが指摘されていたが、僕はちょっと逆の意見を持った。微振動はあれどおおむねフラットである。この速度域では角の丸さは際だってくるから、このての車としてはかなりいい、といってもいいんじゃないか。GT-Rで300キロ走ると疲れるところを、この車だったら倍はいけそうだ。ただ、先ほどのライバルたちと比べると、連中はこのシチュエーションではもっともっと乗用車寄りだから、この点においてI-S

ＦはＧＴ-Ｒと同じ、最硬派ジャンルに属するように感じる。

いろいろな運転を試してみて、最終的に案外落ち着いて運転できていたところをみると、エンジン、ミッションのセッティング、さらに足回りのセッティングにストレスが少ないということは言えそうだ。ステアリングを落ち着かせれば、さらにロングツアラーになれるだろう。

最後にちょっとだけワインディングロードでの印象。この車、ＦＲ練習用としてはとてもいい。何を言い出すんだ、と言われるかもしれないが、これだけパワーがあることで、逆に楽に振り回すことが出来るんだからスポーツドライビング初心者には最適だろう。高い買い物かもしれないが、運転がうまくなること請け合いである。そういう意味ではＢＭＷなんかよりずっといい。

さあ、２日間付き合ってこの車に感じたこと。それは良くも悪くもトヨタの車であるということだった。そしてトヨタの車の味って確かにあるということ。さらにしっかりと作られたトヨタ味はおいしいということかもしれない。久しぶりにトヨタ車の魅力に触れた気がした。

まあ、こんな妄想をするのは今だけの話かもしれないが、ＧＴ-Ｒと、このＩＳ Ｆが同じガレージにあったら面白いなあ、と思う。似て非なるもの。楽しさのベクトルの違うもの。味の違いがはっきりとある日本車として、生活していてかなり楽しいんじゃないだろうか。

LEXUS IS F

プロフィール

プロトタイプのデビューは2007年デトロイト・ショー。レクサス・ブランドをより強く印象づけるスペシャルモデルとして事前に、ラグナセカのイベントで走りと音を披露したりしていた。Fの語源は開発舞台となった富士スピードウェイや東富士研究所に由来する。国内での発表は07年10月、発売は同12月に始まったばかりだ。エンジンはLS600hL譲りの2UR-FSE型5リッターをスープアップしたもの。ギアボックスは8ATながら手動モードだと1速以外はトルコンを介さず最短コンマ1秒のクイックチェンジを誇る。

コンディション

スペック：'08MY IS F／8AT／走行1,700km
全長4660×全幅1855×全高1415mm　ホイールベース2730mm　トレッド前1560／後1515mm　車重1710kg　乗車定員4名　フロント縦置き後輪駆動　V型8気筒4968cc　423PS／6600rpm　505Nm／5200rpm　オートマチック8段　前ダブルウィッシュボーン、コイル／後マルチリンク、コイル　前ベンチレーテッドディスク／後ベンチレーテッドディスク　ラック・アンド・ピニオン／パワーアシスト　Michelin Pilot Sport 前225/40R19 89Y／後255/35R19 92Yタイア

価格／装着オプション（試乗時・消費税込み）

766万円／BBSポリッシュ仕上げアルミホイール（8.715万円）、プリクラッシュセーフティシステム ＆ レーダークルーズコントロール（27.3万円）、ムーンルーフ（9.45万円）、クリアランスソナー（4.2万円）、シルバースターリングシルバー室内パネル（3.99万円）、"マークレビンソン"プレミアムサラウンドサウンドシステム（28.35万円）＝合計848.005万円

ものの価値

ここ数年、ちょっと気になることがある。それは知らず知らずのうちにものの値段が上がっていること。といったって野菜や肉やガソリンの値段が上がっているといった、生活必需品のことではない。気になるのは嗜好品。つまり時計、ブランド服、果ては車、といったものたちだ。生活必需品の値上がりが狡猾にあがっているのに対し、こちらはあからさまだ。

例えば、数年前までせいぜい30万円クラスの時計を作っていたメーカーが、いまや２００万オーバーの時計を作っている。それも新機構を持たせたり、新素材を持たせているわけでもなく、単純に30万だったものが２００万になったとしか思えないのである。問題なのは、似たようなメーカーたちが足並みをそろえたように値段を上げてきているということ。

ブランド服で言えば、ファッション誌を見ているとわかるはずだが、多くのメゾンの服の値段は数年前の倍、３倍になっている。ちょっと前ならそれは手仕事が込み入っているものに限られていた。しかし、今は違う。いや、違うように見える。なんてことのないコットンのパンツが15万円（!）なんて聞くと卒倒しそうだ。誰がこんな値段で買うんだろう。スーツに至っては既製服であっても70万円クラス。下手したら１００万円オーバーである。こうなるとオーダー服が良心的にさえ思える。

極めつけはブガッティ・ヴェイロンである。２億円……と。ヴェイロンのところで多くを語りたくなかったのは、価格設定に抵抗があったから。すべてに言えることだが、これらは明らかにものそのものの価値ではなく、価格に価値があるものたちだ。言うならば、高い⇩人が買えない⇩満足感が得られる……といった構造。そういえば、昔、原宿あたりでナイキやＧショックなどの限定ものがプロパーの何倍もの値段で売られていたのを思い出すが、人はどうやらそういう希少なものに価値を見出すらしい。当時、それに投資をするつもりで高い値段で買った人たちは、いまや二束三文のガラクタをどうするつもりなんだろう。ヴェイロンがガラクタになるとは言ってないが、昔のブガッティのような、いわゆる絵画のような価値を将来持つとは考えにくい。昔のオーテックを思い出してしまうのは僕だけだろうか。

　さて、そういうブランドたちに姑息に歩み寄って、というか便乗値上げしようとしているブランドもあれば、今だからこそと安い値段で安物を売ろうとしているブランドもある。嗜好品は何を選んでも嗜好品なのだから自由だ。けれどどっちもどっちじゃないか。ちなみにポルシェは９６４の時代、ＲＳはカレラよりわずかに高い程度、１０００万をちょっと超えるくらいだった。けれど今はどうだ。ＧＴ３ＲＳは２０００万円近くする。こういう値段設定の変化をみるにつけ、心は複雑になる。今、かっこいいのは惑わされない貨幣感覚を持った人間なんじゃないか、と思う。というより、それを目指そうと思う。そのアイデンティティこそが人との違いだ。

エントリー用として買うか、車趣味の総集編として買うか……

2008.3

最後は２００７-２００８年の個人的イヤーカーで締めくくろうと思う。ＣＯＴＹでは10点を入れたメルセデスＣクラスである。

僕のために（?）メルセデス・ベンツはまっさらな新車をおろして待っていてくれた。グレードは僕が今もっとも気に入っている２００コンプレッサー、エレガンス仕様である。なんだ、一番安いやつか、と思われるかもしれない。もしそう思うのなら、ＳでもＳＬでもＧでも何でも、何年も乗り継いで、さらに他のライバルたちも、もっと別の国の車たちも乗り継いで、もう一度これに乗ってみるといい。なるほどベンツとはこういうところに価値があったんだ、と思うに違いない。

素のメルセデスの良さ。それは素材のうまさではないだろうか。だから出来るだけ飾らずに味わいたい。シートは今回借り出した車両のような布張りがいい。そしてペイントもエクストラチャージのかからないソリッドペイントのものがいい。もし、オプションで何か、というのだったらグラスサンルーフを付けるくらい。もうそれ以上は要らない。それでも４００万円台後半となるから、決して安い買い物ではない。コストダウンの痕跡はそこここにあるものの、素のメルセデスには昔のメルセデスが持っていた堅牢感というか質量感というか、頑固さを感じることが出来る。だから今僕がもっとも推薦したいメルセデスはこれ。メルセデス歴16年の僕が言っているんだから信用しなさい、といいたい。

　昔からメルセデスのエンジンにはエンターテイメント性がない、といわれてきたが、それは今も受け継がれているらしい。コンプレッサー付きエンジンはごろごろとうなるばかり。サウンドから来る軽快感を期待するとがっかりするだろう。この音は知っていたはずなのに、乗り出した瞬間、やっぱり違和感に襲われた。アクセルペダルはメルセデスの常で、重く、いきなり飛び出したりしないタイプだから音とあいまって車全体が鈍重に感じる。これによって街中では穏やかでいられる、ともいえる。しかしひとたび高速ランプを駆け上がろうと踏み込んでやると、これがびっくりするくらいトルキーな加速をするのである。気持ちのいい音とは決して言えないものの、胸のすく加速が始まる。ＡＭＧのような特殊なバランスを求めなければ、僕はこれ以上のエンジンは必要ないと思う。充分以上だ。それは高速道路で急激な追い越しを迫られたときでも同じだった。

　一方Ｃクラスが他のどのクラスよりも勝っている点は、その塊

感である。模型で考えれば当然のことながら、小さいボディの方が剛性があって当たり前。今でこそライバルたちはメルセデスを凌ぐ剛性感を達成していたりするが、元はと言えばこの言葉はメルセデスのためにあったようなもの。そういう意味でもこのCクラスボディが伝えてくる振動には歴史さえ感じる。だからアバンギャルドのようなモダンに振ったものよりもこちらを選びたい。これがメルセデスライドの王道だからだ。しなやかに押さえの利いたサスペンションの動きは昔のイメージのまま、ちゃんと進化している分、スポーティになっている。重心の低さもメルセデススタンダードだから、直線では舐めるように、コーナリングでは張り付くような安定感がある。

劇的に変わった、と評判のステアリングフィール。実は僕はそうは思わなかった。多少ねっとり感は取れたかもしれないし、クイックになったかもしれない。特に数センチ切り始めたあたりでの反応が早くなった感じはする。しかし、メルセデス独特のステアリングフィールは健在だと思う。簡単に言えば思い通りに切れてくれるステアリングである。切れ角も重さも、そして路面のアンジュレーションの伝え方も、メルセデスを乗り継いできた人たちに違和感なく馴染むことだろう。

もし車好きの行き着く先の1台があったとするならば、それはこういう車なんだと思う。全くつまらないといえばつまらないが、質素で、控えめなくせに、どこか頑固で、情が深く、実はとても個性的だ。こういう車と暮らし始めると、その後に控える車が僕にはイメージできない。もう一度言うがSクラスのあとに控える車はいくらでもある。でもこの車の後には……。

MERCEDES-BENZ C200 KOMPRESSOR

プロフィール

メルセデス初のコンパクトセダンとして日本でも好評を博した190シリーズの後継車。そのCクラスも2007年初頭にモデルチェンジし、3代目となった。90年代半ば以降、それまでの頑固一徹な機械屋然とした企業姿勢から一転、“カスタマーオリエンテッド”を標榜しつつ時代に迎合するかのようにラインナップ拡大を遂げたメルセデスだが、老舗を支える屋台骨は依然としてC、E、Sクラスである。クラフトマンシップに裏打ちされ、アウトバーンで鍛えられたドイツ車ならではの真価を求めるならやはりこのカテゴリーに尽きる。

コンディション

スペック：’08MY C200コンプレッサー・エレガンス／5AT
全長4585×全幅1770×全高1445m　ホイールベース2760mm　トレッド前1540／後1545mm　車重1490kg　乗車定員5名　フロント縦置き後輪駆動　直列4気筒1795ccスーパーチャージャー付き　184PS／5500rpm　250Nm／2800-5000rpm　オートマチック5段　前3リンク・マクファーソンストラット、コイル／後マルチリンク、コイル　前ベンチレーテッドディスク／後ソリッドディスク　ラック・アンド・ピニオン／パワーアシスト　205/55R16タイア

価格／装着オプション（試乗時・消費税込み）

455万円／—

ちょい乗り日記

僕が1年間に乗る新車の台数はどのくらいになるのだろうか……。１００台くらい……？　試乗会に日参するジャーナリストたちよりはずいぶん少ないと思う。しかし僕の武器は試乗会の走りなれないルートで乗るのではなく、家から乗り始める、というところに尽きる。そんなやり方をやっていても、心に残る車と残らない車がある。残るのがいいとは限らない。個性と灰汁は紙一重だ。ここではこの数ヶ月に乗った車の中でちょっと心にひっかかっている車だけを挙げてみることにした。あくまでも個人的な意見なのはいうまでもありません。

ジャガーＸＪＲ

もう何度、この車に乗ったことだろう。乗るたびに欲しくなるこの車。なぜか購入にまでは至らない。その理由を考えてみると、まず第一に大きさだ。ＳＵＶならともかく、セダンでこんなにでかいものをちゃんと乗ることなんてあるのか、という問題。なんとなくエコなこの時代、乗っていて後ろめたさを感じそうだ。値段が高い……これはもう仕方のないことだが、それを乗り越えられる魅力があれば何とかなるはずだ。でもって魅力はといえば、なんといっても動き、タッチの優美さに尽きるだろう。身のこなしがネコ科のようだ、とはよく言われることだが、他の車に比べて重心が何センチも低く感じるのが大きな要因であると思われる。もちろんサスペンションのしなやかな動きも重要ではあるが……。スーパーチャージャー付きＶ８エンジンはパワフルではあるものの、ちょっと力技で行っているような印象もあり、そういう意味ではクラシックだ。ガソリンをどのくらい食うのか、昔のＸＪを知る者としては心配でもある。でも、やはり手に入れてみないとわからない魅力が満載のような、そんなオーラを放っている車だ。近い将来、ぜひご一緒したい。

メルセデスＳ５５０

ジャガーと乗り比べるとあら不思議。こちらの方が乗り心地がいいじゃないか。もうメルセデスは昔ほど硬くもなければ、無骨でもない。いつのまにかアメリカンな軽いゴージャスさを身にまとっているのが好きか嫌いかの分かれ道になりそうだ。ジャガーとの大きな違いは、車との一体感の違い。メルセデスに一体感がないといっているわけじゃない。優しくなっても鎧は鎧。守られている感がある一方、コミュニケーション感は薄い。７速のＡＴは滑らかではあるが、ショックなし、とはいえないところがメルセデスらしさか。１１６、１２６、のＳクラスと暮らしてきた僕にとって、どことなくぺなぺなに感じるのは、例のコストダウン作戦の残り香のような気もするが、鈍感にも感じる例のメルセデスライドは相変わらず健在なのが面白い。

最近、街で多く見かけるようになったＳクラス。芸能人、スポーツ選手をはじめ、いわゆるメルセデスオーナー像は今も昔も変わっていないらしい。車そのものよりも、そっちのほうが選ぶ際のポイントになっているところが今も昔もメルセデスである。もう僕とは関係のない世界ですけれど。

メルセデスＲ５５０

これは僕の理想のメルセデス、と発売前には思った。なぜなら……４輪駆動、キャプテンシート、５リッターエンジン、エアサス、そしてここが肝心だが、それらをワンボックスとして仕上げたこと……だったのだが、借りてきてあまりにも大きいのでびっくりした。ＧＬクラスはもちろんでかいのだが、それよりも大きく感じたのはなぜだろう。この大きく重い車がフワつきながら走るさまはちょっと怖い。がっちり感の少なさと、サスペンションの荒さが気になる。芸能人御用達、のようなエルグランドの座を取っては代われなかった……。

ＢＭＷ３３５ｉクーペ

これに乗ったときはちょっとショックでした。理由はいくつかある。エンジンは確かに素晴らしい。ノーマルアスピレーションの１３０ｉのエンジンも捨てがたいが、それより一歩現代的な匂いがした。線が太い。ターボの存在感がほとんどないのもすごい。しかしそれよりもステアリングだ。アクティブステアリングの自然さには舌を巻いた。こんなふうになるの？　プログラミングだけの変更でどうとでもなる、と聞いてはいたものの、ここまで自然になるのなら、アクティブを選ばない手はない、と思った。というよりもアクティブこそが自然であり、もはやノーマルは単純にクイックなだけの古いステアリングと言ってしまいたい。乗り心地もメルセデスとまでは行かないものの充分にフラット。そよ風のような車。セダンも出たからこれはある意味僕のターゲットにもなりうる。エンジンを取るならＢＭＷ、バランスをとるならＣクラス。まあ、こんな当たり前の図式だが、だから面白いんじゃないでしょうか。

アウディＴＴクーペ　３・２クワトロ

今Ｒ８を狙うくらいならこっちにしなさい、と僕はいいたい。アウディらしさがここにはある。デザインしかり、メカニズムしかり。第一、Ｒ８はまだＳトロニックを装備できないでいるんですよ。Ｒトロニックで騙されちゃあいけない。はっきりいってＳトロニックが大学生ならＲはまだ小学生だ。

　時間の問題ですぐにＳになるだろうが、そういう意味でも、今のところはこっちです。乗り味のソリッド感も旋回するときのマナーも、どこもかしこもアウディ。まじめで抜かりのない信頼できるやつです。問題があるとすれば、それはトランクスペースくらいだろうか……。

アルファ・ロメオ１５９　３・２ＪＴＳ　Ｑ４　Ｑ-トロニック・ディスティンクティブ

　１５９は発売時からずいぶんと変わってきたように思うのは僕だけだろうか。アルファらしさを取り戻したという人もいるけれど、アルファらしさを取り違えているような気がする。１５９で画期的に進歩したフラットライドが薄れてきている。エンジンは単純に音が大きくなっただけだ。耳栓をしていれば加速感は前とほとんど変わらない。それならば静かなほうがいいと僕は思う。ただ、僕はそれでも１５９が好きだ。何を取り違えようと好きなものは好きだから仕方ない。どこが好きかといえばそれはムードだ。エクステリア、インテリア、ちょっと高すぎるシートポジションまで含めて、この車にはどこか退廃のムードが漂う。ランチアにもいえることだが、ここら辺が今のイタリア車の魅力なんではないだろうか。新しいものと旧いものの絶妙な融合。歴史が見える。ＭＴでは発進のあたりのトルクが弱く、案外気を遣うがＡＴは気楽でいい。いや、どうせなら２・２のセレスピードのほうが１５９らしいか。さてどれにするかは本気で考えたときにしか結論は出せそうにない。ただ、色だけは紺、内装はベージュと決めている。

アルファ・ロメオ１４７　スポルティーヴァII

これに乗ったとき、そうかＢＭＷ１シリーズは本当に１４７潰しだったんだな、とはっきり気付いた。ばかやろう、ＢＭＷ。そしてそれに乗って買ってしまった僕はもっとばかだ。どこがそう感じさせるかといえば、若い乗り味、青い乗り味、とでも言おうか。落ち着きがなく、いつもどこかせわしない。フラットライドの反対。でも面白いのである。この面白さは……つまり、遊園地の乗り物の面白さ、遊び心の面白さだ。がちがちに足を固めたスポーツカーが許されるなら、これだってありだろう、といっているようなひょこひょこした足回りも個性的。どちらが疲れるかはやってみないとわからないが、そう大差はないはず。エンジンは相当うるさいけれど、踏んだだけ音がピッチを上げていく様は、やっぱりオペラの国の車だけのことはある。１４９が出る前に買ってもいいかな、と思った。その場合は１シリーズは下取りだな。

アルファ・ロメオ・スパイダー３・２ＪＴＳ Ｑ４ディスティンクティブ

いつか買うぞ、スパイダー、である。昔のデュエットもいいし、コーダトロンカの先々代のスパイダーもいい。そして新しいスパイダーは最も現実的なチョイスだろう。スパイダーはカッコウ命。となると残念ながら先代のスパイダーだけが僕の中から外れる。

内容は僕の中では１５９に準じているが、もちろん乗り味は違う。でもそれは桜餅と柏餅くらいの違いでしかない、といいたい。風を切って走りたいところだが、どこにそんな風を切る場所があるのか、というのが問題で踏み切れない。いつまでも踏み切れない。環境的にどんどん踏み切りにくくなっていくんだろうか、というのが悩みの種だ。

ロータス・エリーゼＳ

エリーゼにはあいかわらず独自の世界がある。乗るたびに現代のセヴンと思うようになった。インテリアはアルミむき出しの世界の頃から知っているせいか、これはもう遊園地のゴーカートそのもの。いや、レーシングカーとゴーカートの中間、としておこう。いずれにしても長くは乗れない。騒音、振動、揺れ、空調……。セヴンよりはましとしても、いろいろなものにやられてギブアップすることだろう。それよりなによりももらい事故が怖い。僕は弱虫だからこの車に飛び込む潔さがない。

　エンジンはトヨタになって俄然パワフルになったが、昔のケントユニットも捨てがたい男っぽさがある。いずれにしても、僕は現実派さ、なんていいながら９１１でお茶を濁すのである。

フィアット・ニュー５００

　期待していたわりにあまりいい印象ではなかった。腰高に感じるのはなにもシートが高いからだけではない。車の動きも腰高だ。新しいくせに古臭い足回りもどうなんだろう。速く走る気になれない。もっともそれこそがこの車に持たせるべきキャラクターなのかも。とはいっても現代ですから……。

　悪いところを先に書いてしまったがいいところもある。まず、これらのポイントはきっと改善されるであろう、ということ。いつか、が知りたいところではあるが。それと、セミＡＴシフトは素晴らしい。文句なく素晴らしい。フェラーリよりも速い、と思ったくらい電光石火のシフトをする。もったいないぜ、こんないいものを持っているくせに……。

ニューミニ・ワン

何度目になるのか忘れたが、乗るたびにいい車だなあ、と思う。これはレトロなんかじゃない。形こそミニではあるが、ちゃんと作りこまれた車だ。オイスターケースに入っているような一体感は素晴らしい。乗り心地は硬めとはいえ、ごつごつ感はない。なんだろう。押さえ込まれたような硬さ。硬い布団のような……いや、だんだん分かりにくくなってくるからやめよう。エンジンもパワフル。トルコン6ATも自然でショックは少ない。実に個性豊かなスポーティな車。他に例を見ない。1シリーズは立場がないですね……とはこの本の担当者の弁。彼も残念ながら1シリーズのオーナーなのである。

ボルボC30 T-5

S40にもいえることだが、おしゃれな割には飾り気のない乗り味に特徴があると思う。極端に言えばエンジンも乗り心地も多少ざらついたところがあり、ステアリングはそれを隠そうとしない。しかし、車そのものがしっかりしているからそれでいい感じになってしまうんだな。ソースをかけない、塩味だけで味わう料理みたいな、そんなシンプル感が共感できるかどうか……。

ホンダ・フィット

なんだ、ホンダ、いいじゃないか……。と久しぶりに思った車。デザインのガキっぽさ、安っぽさが感じられないのがうれしい。走り出すとエンジンは静か、トルコン付きのＣＶＴはスムーズ、見晴らしは抜群で実に気分がいい。乗り心地も適度に締まっていて楽チン。ものすごく軽いステアリングのせいで、ちょっと線が細いような錯覚を覚えるところが残念。こういう車に乗って社会に馴染んでしまうのもいいなあ、と心のどこかで思う。すごく気楽にいけるんだろうな。僕なら１・５リッターのほうで大きなグラスルーフを選んで色は白だ。

マツダ・デミオ

これは、乗った当初よりも、あとになって僕の中で急浮上した車。デザインも垢抜けていれば、コンセプトも僕は好きだ。別にワゴンじゃなくたっていいじゃないか。ドライバーズシートに座ると、おもちゃっぽい計器盤以外はまるでヨーロッパの小型車に乗っているようだ。街中のどんな路地にも入っていけるような小ささが素敵。乗り心地もどこかフランス車を思わせるような柔らかさがある。素肌美人、といいたい。１３００のＦＦ、ミラーサイクルじゃないやつが僕の好み。

マツダ・アテンザ・スポーツワゴン

特に２５００のＭＴが気に入った。国産車には珍しく肩の力が抜けていて、バランスがいい。これといって特徴がないように見えて、全部がよく出来ているということなんだろう。あがりの車、という言葉はこの業界でよく使われるが、そういう車だと思う。確かに老夫婦が似合うし、こんな車をＭＴで運転していたらかっこいいと思う。

スバル・インプレッサ

デミオより大きいのが難点（？）だが、運転すると小さく感じるから何の問題もない。ダッシュボードがうまくデザインされていてマスが小さく見えるため、ドライバーズシートにいて実に気分がいい。個人的にはＷＲＸよりもS-GTを推したい。理由はまず足回り。非常にしなやかで、それでいて押さえがきいている。こんな国産車は初めて、と思ったくらい。大人のスポーティカーだ。エンジンは充分以上にパワフル。ここでもＷＲＸは必要なし、と思うくらい。さらにはＭＴよりも（ただの）４ＡＴを選びたい。問題があるとすればスタイル。ＢＭＷ１シリーズに似てはいまいか……。と思っていたらヒュンダイi３０にもっとよく似ていた。ここはひとつ三兄弟ということにしたい。

ダイハツ・エッセ

軽ならばこれ、と思う。スタビライザーを持たない足は、なんともクラシックな味をかもし出している。つまり、これは初心者用の車ではなく通好みの味。インテリアも一見ファンシーのように見えるが、実はセンスがいい。なぜかシャンゼリゼが見える。いや、シャンゼリゼの裏通りか。いずれにしても、没個性の軽自動車の中にあって、これは実に個性的。積極的に選ぶ価値のある車だと思う。値段もかっこいい。

スズキ・スイフト

これも通好みでいいなあ、といつも思う。デミオがフランス的な柔らかさを持っているのに対して、こちらはドイツ的ながっちり感だろうか。ワーゲンファミリーはいまや足回りのしなやかさを手に入れて、昔のような無骨な頼もしさとはおさらばしたけれど、その頼もしさをスイフトは引き継いだような感じ。だから色気はない代わりに飾らないよさが見える。わかる男が選ぶ車、なんてイメージがいいじゃないか……。

あとがき

さて、２００８年４月現在、僕所有の車は……古い順から言うと、10年前のランドローバー・ディフェンダー、左ハンドルのＶ８ＡＴと、８年前のポルシェＧＴ３、これは９９６初期型である。それからＢＭＷ１３０ｉ、プジョー１００７、そしてアウディＲＳ４アバントと続く。まあ、そうそうたる車たちとも言えるし、収集家たちから見ればごみみたいなもの……ともいえる。見渡せば上も下も限りがない。そして、これらに満足しているかと聞かれれば、まあ、満足ともいえるし、そうでもないともいえる。車とはそういうものである。借りているときには見えなかった欠点が、自分のものになった瞬間に見えてしまう。およそ、完璧な車なんてどこを探してもないのである。だったらこっちが完璧、と思い込めばいい。僕も大人になったものだ。

自分の車が1台だけだった時代、僕は複数台の車と暮らすことを夢見ていた。70年代後半、僕の夢はベンツＳクラス、ポルシェ９１１、レンジローバーの３台と暮らすこと。夢が実現したら、僕は誰かの奴隷になってもいいと思った。真剣に思った。笑っちゃうね。その程度で奴隷になるなんて……。

実際、その夢は数年後には現実になるのだが、現実になればなったで大問題があることに気付いた。

それは僕の持っている愛情の量には限界があるということ。1台にかけていた愛情と同じだけの愛情を3台ともにはかけられない。極端な話、それぞれにかけられる愛情が3分の1になってしまったのである。僕はそれぞれに一生懸命愛情を注ごうとし、気がつくと車たちに振り回される毎日。神様に願いが通じたのと同時に、神様はその条件をも受け入れたのかもしれない。

1台と暮らす幸せ、2台と暮らす幸せ、もっと多くの車たちと暮らす幸せ、どれもみな同じ……といったらどう思われるだろうか？

初心に戻って1台と暮らす幸せを夢見ながらも、常時欲しい車はたくさんある。手に入れた途端にたいしたことなくなることはわかっているくせに、それでも欲しい。車好きとはそういうものである。どうにもならんね。でもその欲求がなくなったとき、僕の人生は終わるのだと思う。あくなき欲望の塊こそが生きるモチベーションだ。神様、この欲深き人間を許したまえ……といいながらも、懲りずに欲望の海の中に漕ぎ出していくのである。

最後に……（現在の僕の車です）

ランドローバー・ディフェンダー

もはや化石に近い車。ステアリングは切れないくせにぐるぐる回るし、直進性もほめられたものではない。１３０キロ出すと本気で怖い。ブレーキも……。そういえば購入して２年してから下血が始まった（オイル漏れのことです）。これは以前の３台のレンジローバーたちと同じだから全く驚かない。最近は乗らないから、ひたすらバッテリー充電の日々。何度売ってしまおうと思ったことか。

それでも手放さないわけは、この車は災害時には役に立つはずだ、とどこか信じているから。そういう信頼感は電気系統がシンプルなだけに現代のＳＵＶよりもはるかに高い。それに、もう一度欲しいと思ってもこのガソリンエンジンのディフェンダーはもうないのです。我が家の唯一のイギリス車だし……。

ポルシェ９１１ＧＴ３

欠点、いろいろあります。一番大きいのは車高の低さ、かな。かっこよさとトレードオフだと思ったけれど、どこかの駐車場で亀の子になって身動きが取れなくなる図を想像すると、なかなか乗ってはいけません。あとは、インテリアの質感の低さ。これは諦めるしかない。最初からわかっていたことだから。でも考えてみたらそんなところか……。細かいところはいろいろあるんですけれどね。好きな点は操縦感覚。ダイレクトなところがいい。乗り心地はものすごく硬くて、角張ったものではあるけれど、ドライバーの位置がいい位置にあるせいか、揺れは最小限なのが意外。いまやパワーはスポーツカーの中にあってはそこそこといったところ。それでも、緻密に回るエンジンを間近で感じられるのは幸せだし、エンジンは静かな方がいいと常々言っているくせに、この音に関してはこれでよしと出来るのがいい。ハンドリングも最新のGT3よりもむしろ身軽で、しかもドライバーとの直結感が強い。ということで当分これは売りに出せない。

BMW130i

欠点は乗り心地の悪さに尽きる。なんだ、これは！といいたくなる。硬いのでもなければ、ダンピング不足というわけでもない。それでも上下動は大きく、しかも絶えない。どうしてこれが借り物のときにはわからなかったのか。不思議でならない。しかし、だ。それ以外は全部オーケーというんだから始末に悪い。エンジンは絶品。この高級感溢れるフィーリングはいったいなんだ！と、これも怒りたくなるくらい、いい。クラッチのフィーリングもブレーキのフィーリングもすべて高級。スムーズなこと絹の如し、だ。そういえばアクティブステアリングを選ばなかったのは今となっては失敗だが、あの時選んでいたら、最新と同じ仕様のアクティブのマッピングで来たんだろうか……。まあ、これも慣れてしまえば済む話だからよしとしよう。そう、もっとも気に入っているのはサイズ。乗り心地だけは悪いけど、小さな高級車。さすがに腐ってもＢＭＷだ。

プジョー1007　1・6

　口が酸っぱくなるほど言っているが、欠点は1年経っても同じ。セミＡＴの反応の鈍さ。これだけ何とかならんでしょうか……。あとはタワーパーキングに入らないこと。それ以外はかなり好き。一番気に入っているところは乗り心地がフラットなこと。１３０とは雲泥の差です。それと重心の低いこと。背が高く、重心が低い、というのは偉い。安心して飛ばせます。まあ、もう少しパワーがあれば高速で長距離がさらに楽だろう、と思わないではないが、これでは辛い、というほどではないから許すことにする。カメレオキットは結局6個買った。

アウディＲＳ４

　先代Ｓ４からの乗り換え。そういえばこの本には一切書いてないことに気付いた。そういうこともある。購入前のＲＳ４に対する一番の興味は対角線に結ばれた油圧ラインによるショックの制御の効果。わかったのは、これにより独特の乗り心地を得ているということ。入り口はむしろＳ４よりも柔らかく、そこからぐっと押さえが利き始める。特に大きなうねりを越えるときの感覚が独特。よその雑誌のＲＳ４の試乗記で「ものすごく硬い」と書いたライター。あなたは失格。出直してらっしゃい。そうそう、ＧＴ-Ｒからこの車に乗り換えたら、まるでカーペットの上を走っているようだった……というニュアンスでわかってもらえると思う。もちろん１３０よりもずっと揺れない。

　エンジンパワーは１３０とＧＴ３の中間くらい。体感的にはたいしたことない。高回転になった分、下のほうでトルクが細いのがアウディらしくない。僕の嫌いな点はクラッチ。つながるときのリアリティがないからエンストをしやすい。もっと足元に感覚を。

　さて、ドアの閉まる音はドイツ車の中でアウディが一番、といわれるくらい高級感が増して来てはいるものの、ＢＭＷ１３０ｉが乗り心地の悪い、小さな高級車だとすれば、こちらはハイテク技術を持った高性能な実用車といった感じ。高級車になるにはまだ時間がかかりそう。「ため」とか「こく」がないんだよな……。

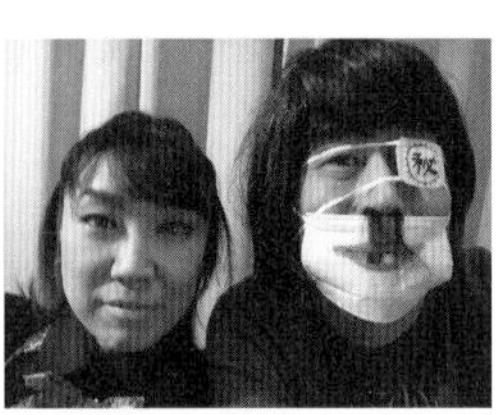

撮影協力：
ル・ガラージュ／株式会社 アクシス
株式会社 横浜アリーナ
株式会社 キョードー横浜
日の丸交通株式会社
ポルシェ ジャパン株式会社
レクサス／トヨタ自動車株式会社
モンスターカフェ 新宿店
菰田 潔
青山尚暉
小島 誠
山本桂太郎
飯田裕子
武部聡志
市川祥治
田中章弘

スタッフ：

アートディレクション・デザイン	駒井 茂／yellow graphic studio japan
カバーイラスト	松元まり子／pict-web.com
カットイラスト	町田典之／CAR GRAPHIC
写真	齋藤圭吾・高橋信宏・Leslie Kee
コーディネーション	岩上委子

職権乱用《しょっけんらんよう》

2008年8月 1 日　初版発行
2008年8月30日　４刷発行

著者　松任谷正隆《まつとうやまさたか》
発行者　黒須雪子
発行所　株式会社 二玄社
〒101-8419 東京都千代田区神保町2-2
営業部　〒113-0021 東京都文京区本駒込6-2-1
電話 03-5395-0511
印刷所　図書印刷株式会社

ISBN978-4-544-40030-4